先进核科学与技术译著出版工程

系统运行与安全系列

Nuclear Micro Reactors

微型核反应堆

〔美〕巴赫曼·佐杜里（Bahman Zohuri） 著

刘新凯 译

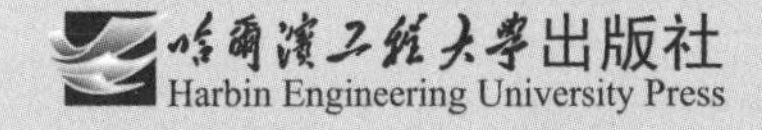

黑版贸登字 08 - 2022 - 009 号
First published in English under the title
Nuclear Micro Reactors
by Bahman Zohuri
Copyright © Bahman Zohuri, 2020
This edition has been translated and published under licence from
Springer Nature Switzerland AG.

Harbin Engineering University Press is authorized to publish and distribute exclusively the Chinses (Simplified Characters) language edition. This edition is authorized for sale throughout Mainland of China. No part of the publication may be reproduced or distributed by any means, or stored in a database or retrieval system, without the prior written permission of the publisher.

本书中文简体翻译版授权由哈尔滨工程大学出版社独家出版并仅限在中国大陆地区销售,未经出版者书面许可,不得以任何方式复制或发行本书的任何部分。

图书在版编目(CIP)数据

微型核反应堆/(美)巴赫曼·佐杜里(Bahman Zohuri)著;刘新凯译.—哈尔滨:哈尔滨工程大学出版社,2022.5

书名原文:Nuclear Micro Reactors

ISBN 978 - 7 - 5661 - 3528 - 5

Ⅰ. ①微… Ⅱ. ①巴… ②刘… Ⅲ. ①反应堆 Ⅳ. ①TL3

中国版本图书馆 CIP 数据核字(2022)第 089475 号

微型核反应堆

WEIXING HE FANYINGDUI

选题策划 石 岭
责任编辑 唐欢欢
封面设计 李海波

出版发行 哈尔滨工程大学出版社
社　　址 哈尔滨市南岗区南通大街 145 号
邮政编码 150001
发行电话 0451 - 82519328
传　　真 0451 - 82519699
经　　销 新华书店
印　　刷 哈尔滨市石桥印务有限公司
开　　本 787 mm × 1 092 mm　1/16
印　　张 6.5
字　　数 168 千字
版　　次 2022 年 5 月第 1 版
印　　次 2022 年 5 月第 1 次印刷
定　　价 68.00 元
http://www.hrbeupress.com
E-mail:heupress@hrbeu.edu.cn

序

随着能源需求的日益增加与核能技术的飞速发展，新一代核反应堆设计对反应堆的经济效益、安全性等多方面因素提出了更高的要求。在这样的时代背景下，微型核反应堆的优势很快吸引核能行业的关注，并成为近些年的研究热点。本书从多个角度介绍微型核反应堆的原理与应用，力求使读者和相关研究人员能够全面了解微型反应堆的发展现状与趋势，进而推动小型化、微型化核反应堆等相关技术的发展。

发展低碳、环保且具有良好经济性的清洁能源是世界能源发展的重要部署。核能在努力推动实现"碳达峰、碳中和"的战略中发挥着不可替代的作用。除了减少碳排放，微型反应堆占地面积小且易于运输，对于大多数微型化反应堆而言，他们采用非能动安全技术代替复杂的能动安全系统，在提高核反应堆固有安全性的同时，简化系统结构与布置，又进一步提升了其经济性。相比于传统反应堆，微型的模块化反应堆具有更低的前期成本与更高的安全性能。

微型模块化反应堆的优势使其具备更广阔的应用前景，军事、航空航天等领域都在尝试采用这种新型技术。通过开发与部署微型核反应堆，确保能源的可用性和可靠性，有助于从预期或非预期的能源中断恢复，为军事任务的完成提供充足保证。此外，微型堆可为太空探索任务提供基本的任务燃料，它在极端恶劣的环境下依然能够实现预期功能，服务于各种太空探测器探索未知的空间。本书以多方位视角出发，全面地帮助读者认识微型核反应堆的未来市场与发展过程中所遇到的各种挑战，有助于读者们对微型反应堆有新的思考与认识。

本书由浅入深地介绍了核能的发展与应用需求，并结合微型模块化反应堆的独特优势与面临的挑战，阐述了未来核能发展走向小型化与微型化的趋势。本书具有广泛的适用性，不仅适合于行业从事者作为专业的学术书籍，同时也可以作为普通公众的科普读物，有助于提高公众对核能及小型化、微型化反应堆的认知。因此，隆重向大家推荐此书，相信定会从中受益匪浅。

张金麟

前　言

新一代核反应堆将在未来几年内开始发电。这些新型反应堆相对较小,并且可能是实现气候目标、无碳排放和无温室效应的关键。

在过去的20年里,位于俄勒冈州西部的俄勒冈州立大学一个高架实验室内的原型反应堆开创了核能的未来应用。该原型反应堆是一种小型模块化反应堆,由一家注册于俄勒冈州的能源初创公司 NuScale Power 负责运行。NuScale 原型反应堆代表了核电站充满冲突、政治困扰的新篇章。甚至像西屋电气公司这样在第三代核电站拥有多年经验的老公司,现在也推出了可移动微型核反应堆 eVinci,该微型反应堆既可用于陆地领域和空间探索,也可用于移动旅快速部署过程的军事应用。

NuScale 反应堆不需要大型冷却塔或庞大的应急区。由于采用了模块化技术方法,反应堆可以在工厂中建造,并运送到任何应用地点。NuScale 反应堆基于多年的传统轻水反应堆技术而建造,大量的模拟结果表明,它几乎可以处理任何紧急情况而不会发生堆芯熔毁。其中一个原因是,它几乎不使用任何核燃料——至少与现有的核反应堆相比是这样。

eVinci 微型反应堆冷却系统的设计采用了先进的热管技术,这是一种非能动冷却系统,因此反应堆的固有安全性非常好,不会发生任何人为或自然威胁的堆芯熔毁事故。

美国宇航局将在未来的太空探索和火星任务中使用热管冷却的 kilopower 反应堆,这是这些小型但拥有巨大能量的反应堆的另一个应用——允许其超越地球空间。

对于一个面临气候危机的星球来说,这是一个好消息。核能遭到了一些环保人士的负面批评,但许多能源专家和政策制定者认为,核裂变将是世界电力脱碳不可或缺的组成部分。在美国,核电约占所有清洁电力的三分之二,但现有的反应堆正迅速接近其监管寿命。美国只有两座新的反应堆正在建设中,但它们的预算超支了数十亿美元,而且比计划延后了数年。

小型模块化反应堆的设计允许将几个反应堆组合成一个机组。需要适量的能量吗?只需安装几个模块。想为一个巨大的城市提供电力吗?那么再加上几个模块。使用小型模块化反应堆为各种情况设计合适的发电厂会变得更加容易。由于体积小,这些反应堆可以批量生产,然后分批运到任何地方。也许最重要的是,小型模块化反应堆可以利用大型机组无法使用的几种冷却和安全机制,这些机制几乎保证了它们不会成为下一个切尔诺贝利或福岛核电站。

核反应堆越来越小,这为该行业带来了一些巨大的机会。美国正在开发一些微型反应堆,可能会在未来十年内推出。

这些即插即用的反应堆足够小,可以用卡车运输,可以帮助解决许多地区的能源挑战,从偏远的商业或住宅地点到军事基地都可以使用。

燃烧化石燃料造成的气候变化的毁灭性影响,正迫使世界各国寻找零排放的发电替代方案。其中一种替代方案就是核能,国际能源机构(一个专注于30个成员国的能源安全、发展和环境可持续性的组织)表示,如果没有核能,向清洁能源系统的过渡将变得困难。

加拿大政府似乎也对此表示赞同,声称随着加拿大走向低碳,核创新在减少温室气体排放方面发挥着“关键作用”。

加拿大设计的加拿大氘铀反应堆已经为一些加拿大社区供电十几年,但政府现在正着眼于不同规模的技术。联邦政府将小型模块化反应堆描述为核能技术的“下一波创新浪潮”,也是“加拿大的重要技术机遇”。

在本书中我们简要介绍了第四代(GEN-Ⅳ)电站,它们也被称为小型模块化反应堆,还讨论了微型核反应堆及其在国防部(DOD)军事组织中的需求和实施。

以下是你需要知道的相关情况。

什么是小型模块化反应堆?

加拿大使用的传统核反应堆每年通常可以产生约800 MW的电力,或者大约足以同时为约60万户家庭提供电力(假设1 MW可以为约750户家庭供电)。

联合国核合作组织国际原子能机构(IAEA)认为,如果核反应堆的年发电量低于300 MW,那么它就是小型核反应堆。

新墨西哥州阿尔伯克基

Bahman Zohuri

2016年

译者前言

近年来,小型模块化反应堆、微型反应堆已在世界范围内兴起发展热潮。相对大型核电机组,它的建设周期短,可以根据用户需求灵活配置反应堆数量,定制提供热能或电能,从而降低核能应用的“门槛”,拓宽了核能技术的应用范围,使其更具生命力。

本书是一部介绍微型核反应堆的综述性著作,总结了近10年来各国微型核反应堆技术向海陆空天广域多维拓展应用的创新性实践,有助于国际同行间的交流,相互启发思路,促进技术发展。

本书在翻译过程中力求忠实原著,表达符合专业习惯。夏庚磊副教授、王晨阳助理研究员参与了翻译工作,彭敏俊教授进行了专业审核,哈尔滨工程大学出版社的编辑对译稿进行了全面细致的校对,张金麟院士在住院休养期间抽出时间为本书作序,在此一并表示感谢。但是,由于译者能力有限,书中难免存在一些错误或疏漏,恳请读者批评指正。

望本书的出版能为国内微小型核能源与核动力论证研究、设计研发等工作提供参考借鉴。

译　者

2022年4月

目　　录

第1章　微型核反应堆:下一波创新浪潮

1.1　前　　言

全球人口增长对能源需求有着直接影响。近18%的人口增长速度及日常生活对能源和电力的需求,不仅从可再生的角度展示了电力生产的不同维度,还将核能资源归入了不同的类别。从投资回报(ROI)的角度来看,小型模块化反应堆或第四代反应堆(GEN-Ⅳ)形式的新一代核反应堆,其内置的新安全因素以及通过创新方法实现联合循环(CC)所获得的更高的热效率都使它们拥有更高的成本效益[1-3]。

而新型可再生技术的出现以及能源和储能领域专家提出的解决方案并没有消除对当前GEN-Ⅲ和近期GEN-Ⅳ(即下一代小型模块化反应堆)形式的核裂变反应堆,以及未来的核聚变反应堆的需求。

电力生产的经验法则如下:电力生产的要求是发电率始终等于电力需求。使用化石燃料很容易在经济上实现这一目标,因为其发电的主要成本是燃料成本,而不是发电厂的建设成本。以部分负荷运行化石燃料电厂在经济上是可行的。因此,在世界大部分地区,首选的化石燃料发电技术是燃气轮机联合循环(GTCC)——一种可以快速响应可变电力需求,热电效率超过60%的低成本机组[1-2]。

近30年来,电力生产行业的主要增长集中在以燃气轮机循环为基础的天然气发电厂的扩张上。简单布雷顿燃气轮机最常用的扩展是联合循环发电厂,以空气-布雷顿循环为顶循环,以蒸汽-朗肯循环为底循环,使用该技术的新一代核电厂称为GEN-Ⅳ。空气-布雷顿循环是一个开式循环,而蒸汽-朗肯循环是一个闭式循环。天然气电厂的空气-布雷顿循环必须是开式循环,空气从环境中吸入,与燃烧产物一起排放到环境中。该技术被建议作为小型模块化反应堆形式的第四代核电站的创新能量转换方法。空气-布雷顿循环的热废气先通过热回收蒸汽发生器(HSRG),然后再排放到环境中。HRSG与传统蒸汽-朗肯循环[4]的锅炉具有相同的用途。

鉴于气候变化这一事实,以及对于低碳环境的现实需求,迫切需要寻找一种零碳发电的新能源。目前的裂变或未来的聚变核能系统成为人们的选择。在本书的第2章,基于新的创新技术能使核能更有效、更安全以及成本效益更好的观点,讨论了“为什么我们需要核电站”。考虑到诸如福岛第一核电站核事故(2011)、切尔诺贝利核事故(1986)、三哩岛核事故(1979),以及SL-1事故(1961),这些少数我们能够说出名字的核事故的后果,确认运行方案的安全是小型模块反应堆形式的第四代反应堆的首要任务[5]。

燃烧化石燃料造成的气候变化带来的破坏性影响迫使世界各国寻找零碳排放的替代发电能源。

核能作为不会产生二氧化碳或一氧化碳的清洁能源是替代方案之一。国际能源署(IEA)(一个专注于30个成员国的能源安全、发展和环境可持续性的组织)表示如果没有核能,向更清洁能源系统的过渡将变得更加困难[6]。

NuScale是一家小型模块化反应堆公司,其设计正在通过加拿大核监管机构的预许可批准,可以作为我们对核反应堆形式的清洁能源需求的一部分。NuScale动力模块及其反应堆便于运输,容器都被设计得足够小,可以用卡车或集装箱运输,如图1.1所示。虽然它是模块化的,但也可以使用轻水反应堆(LWR)等技术通过美国核管理委员会(NRC)的许可。

图1.1 车载运输小型模块化反应堆概念图

加拿大政府对此表示赞同,称随着加拿大迈向低碳未来,核创新在减少温室气体排放方面发挥着“关键作用”。

虽然加拿大氘铀(CANDU)反应堆(图1.2)几十年来一直为一些加拿大社区供电,但加拿大政府现在正着眼于发展不同规模的技术。联邦政府将小型模块化反应堆(见下一节)描述为核能技术的“下一波创新浪潮”和“加拿大的重要技术机遇”。

目前加拿大有18个加拿大氘铀反应堆在运行:8个在布鲁斯核电站,6个在皮克林核电站,3个在达灵顿核电站,1个在莱普罗而核电站。

加拿大氘铀反应堆的独特之处在于,它们使用天然的未浓缩铀作为燃料,经过一些修改还可以使用浓缩铀、混合燃料,甚至钍。因此,加拿大氘铀反应堆非常适合将退役核武器的材料作为燃料,这有助于减少全球核武器储量。

加拿大氘铀反应堆非常安全。安全系统独立于电厂的其他部分,每个关键的安全组件都有三个备份。这种系统的冗余布置不仅提高了系统的整体安全性,而且还可以在反应堆全功率运行时测试安全系统。

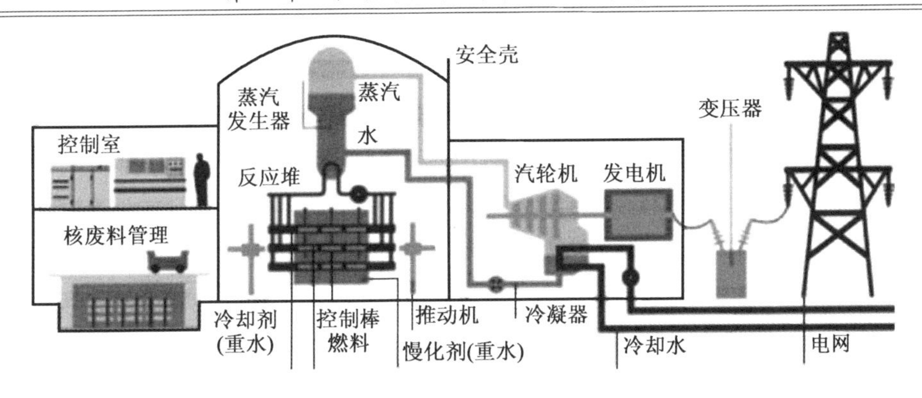

图 1.2　加拿大氘铀反应堆原理图(资料来源:加拿大核问题常见问题解答)

1.2　加拿大部署下一代核技术

在 2018 年 11 月 7 日发布的一则新闻表明,加拿大将引领下一代核技术的应用。加拿大政府认为,随着加拿大迈向低碳未来,核行业的创新在减少温室气体排放和提供良好的中产阶级就业方面发挥着关键作用。

2018 年加拿大自然资源部长 Amarjeet Sohi 对加拿大小型模块化反应堆计划的发布表示欢迎,他称这是“加拿大在国内和世界舞台上的重要技术机遇”。他接着表示,小型模块化反应堆是加拿大能源创新的一个很有前途的领域。该计划包括的一些建议将为联邦、省和地区政府,以及其他利益相关者和原住民社区之间正在进行的合作提供帮助,以确保加拿大成为这项新技术发展的全球领导者。

小型模块化反应堆代表核能技术的下一波创新。小型模块化反应堆旨在拥有比传统反应堆更小的建造规模、更低的前期投资成本以及增强的安全功能。小型模块化反应堆有潜力在广泛的应用中(例如电网规模的发电和重工业,包括在偏远社区)提供非碳排放能源。

自然资源部召集了有关的省份、地区、电力公司、原住民社区和其他利益相关方,以支持计划的制订。该计划是与行业和潜在最终用户(包括原住民和北部社区以及重工业)接触 10 个月的结果,包含了涉及废物管理、监管准备以及国际参与等领域的 50 多项建议,还强调了需要与民间组织、北部和原住民社区以及环境组织进行持续接触。该计划源于之前的发电能源咨询过程(加拿大历史上最大的关于能源的全国性讨论)。

加拿大政府接受小型模块化反应堆计划,目前正在审查其建议。

1.3 什么是小型模块化反应堆?

加拿大的传统核反应堆每年通常可以产生大约800 MW的电力,或者足以同时为60万户家庭供电(假设1 MW电力可以为750户家庭供电)。美国正在运行的最大规模的反应堆是Tonopah附近的Palo Verde,共有3台机组,每台机组每年可产生1 311 MW的电力,如图1.3所示。

图1.3 Palo Verde发电站的航拍照片

Palo Verde发电站是美国净发电量最大的发电厂,平均年发电量约为3.3 GW,可为大约400万人提供电力服务。亚利桑那州公共服务公司(APS)运营并拥有该电厂29.1%的股份,其他所有者包括盐河工程(SRP)(17.5%)、埃尔帕索电力公司(15.8%)、南加州爱迪生公司(SCE)(15.8%)、PNM资源公司(10.2%)、南加州公共电力管理局(SCPPA)(5.9%)和洛杉矶水电部(5.7%)。

目前,美国和世界其他地区的大型商业反应堆几乎都是基于"轻水堆"的设计,也就是说,它们使用铀燃料并使用普通水作为冷却剂。相比之下,新兴小型反应堆的设计各不相同,使用各种燃料和冷却系统,有些甚至可以利用现有的遗留放射性废物作为燃料源。反应堆类型从小型轻水反应堆到更奇特的液态金属冷却快堆,最小的设计容量为10 MW。

此外,国际原子能机构(IAEA)将发电量低于300 MW的核反应堆视作"小型"反应堆。

从3 MW至300 MW的小型反应堆设计已提交给加拿大核监管机构,加拿大核安全委员会将其作为预许可程序的一部分进行审查。

这种反应堆被认为是"模块化"的,因为它们被设计成既可以独立工作,也可以作为更大的复杂设施中的一个模块工作(就像大多数加拿大核电厂的传统大型反应堆一样)。可以通过增加额外的模块来逐步扩大电厂规模,如图1.4所示为模块化反应堆的概念图。

模块通常被设计得足够小,可以在工厂里制造,并且易于运输,例如,通过一个标准的集装箱运输,如图1.5所示为小型模块化反应堆原理图。

图 1.4　模块化反应堆的概念图（资料来源：第四代国际论坛）

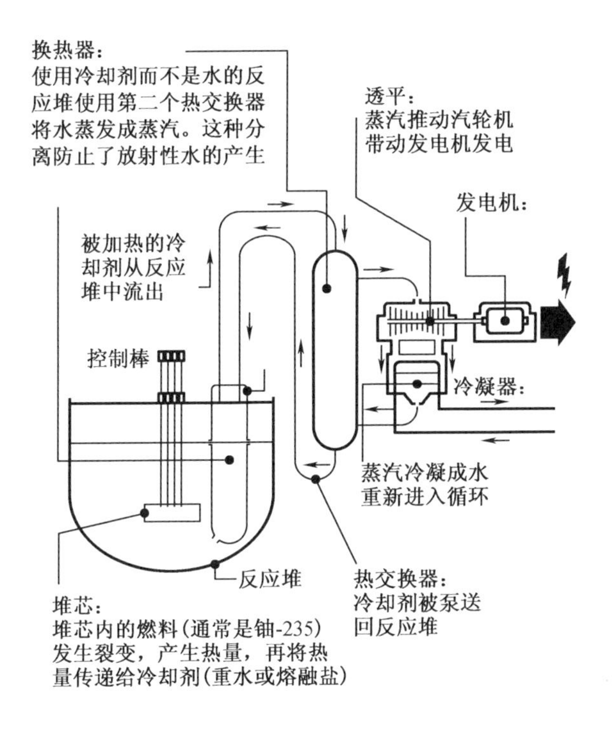

图 1.5　小型模块化反应堆原理图

小型模块化反应堆是核能的未来，规模缩小的核电站将比传统电站，如亚利桑那州的 Palo Verde 电站，有更高的经济收益。

随着世界各地大型新建核电项目的延期，更多的注意力转向了较小的替代方案，行业专家希望这些替代方案有助于提供下一代电力。

这些所谓的小型模块化反应堆——容量小于 300 MW 的微型核电站——可以为像 Hinkley Point 那样地拥有两个 1.6 GW 大型机组的核电站提供替代方案。

英国项目是众多被推迟或放弃的核电项目之一，这使得世界各地的决策者都在寻找更便宜、风险更低的选择方案来满足电力需求。

小型模块化反应堆被设计为大型电厂的缩小版，它们可以在工厂里制造，然后通过火车、卡车或驳船运送到现场。开发商表示，如果同一家工厂建造了足够多的小型模块化反应堆模块，那么每单位能源产出的成本可能会远低于大型电厂的成本。

小型反应堆已经用于核潜艇并在一些发展中国家（如印度和巴基斯坦）得到应用。但是直到最近，业界和政界人士才开始认真考虑其大规模生产。

在总拥有成本（TCO）和投资回报率（ROI）方面，小型模块化反应堆保证了核能的所有优势——低成本和绿色能源，而没有与大型发电厂（如传统的第三代发电厂）类似的重大成本和进度超期问题，这是传统大型核电项目所必须承担的困难。

自核电发明以来，人们普遍认为核反应堆越大越好。一旦一家公司花费了时间和费用确定一个厂址，连同规划审批和电网连接，大多数公司都希望在该厂址上建设尽可能多的核反应堆容量[7]。然而，这些电厂中的大多数都会遇到成本和进度超期的问题，一些人将其归咎于核电站的规模。例如，法国能源公司（EDF）在法国和芬兰建造新反应堆的计划已经超出预算数十亿欧元——许多专家将其归咎于难以确保如此大型结构的安全。此外，大型核电站需要更多的建造时间，仅仅是因为它们有更多的应对自然和人为灾害发生的巨型结构，还有许多其他用以防止针对这些核电站的恐怖行为的其他安全系统。

诸如此类的大型项目也难以获得融资——Hinkley Point 电厂延期的主要原因之一就是法国能源公司在筹集 180 亿英镑项目所需的资金方面遇到了困难。

目前，小型核反应堆的支持者们正专注于证明该技术能够以足够低的成本运行，从而使其具有竞争力。不出所料，走得最远的国家是拥有最发达核能工业的国家。

俄罗斯正在改造为破冰船提供动力的两个小型反应堆。这两个小型反应堆最终将被放置在驳船上，然后将其移动到需要的区域[7]。

所有这些都符合降低成本的想法——须制造和部署足够多的 SMRs 以便在指定地点进行调试。图 1.6 展示了传统的核电站与小型模化反应堆的占地面积对比效果图。

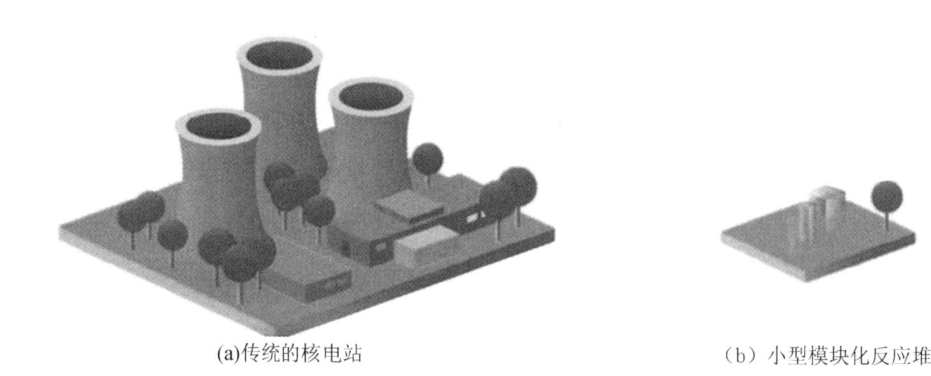

(a)传统的核电站　　(b) 小型模块化反应堆

图 1.6　传统的核电站与小型模块化反应堆的占地面积对比效果图

美国和英国都在努力迎头赶上。英国最近宣布将举办一场以寻找最佳小型模块化反应堆设计为目标的竞赛，并提供 2.5 亿英镑用于研发补助。从联合循环和开式布雷顿循环热力学的角度来看，这种高温小型模块化反应堆的改进版将提供更高的热效率输出，确实能够使总拥有成本和投资回报率达到合理的成本效益[1-4]目标。图 1.7 为小型模块化反应堆装置的布局。

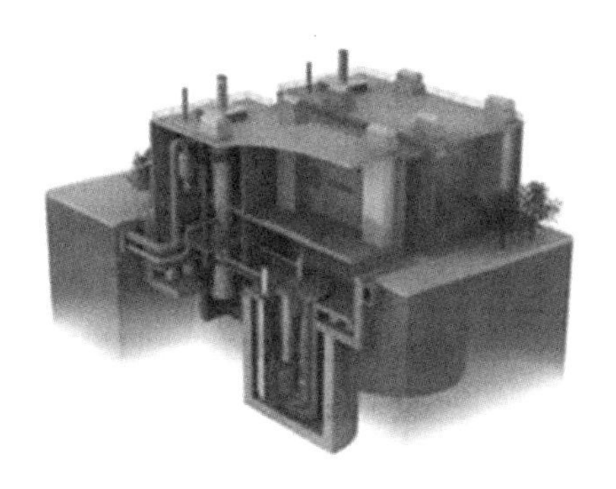

图 1.7　小型模块化反应堆装置的布局

小型模块化反应堆开发商 MPower 的项目主管 Jared DeMeritt 说："美国和英国目前正在进行一场竞争，将推动两者向前发展。"英国《金融时报》报道称[7]"我们认为 2025 年是西方首个小型模块化反应堆的实际启动时间，将在美国或英国这两个国家之一出现。"

MPower 的设计展示了一些可以使小型电厂避免陷入大型电厂困境的方法。在其案例中，MPower 计划将包括反应堆和燃料容器在内的所有安全关键设备埋在地下，从而最大限度地减少对昂贵的物理防御[7]的需求。

尽管一些业内人士持乐观态度，但小型模块化反应堆的广泛使用仍然存在较大困难。首先，即使是那些私下建造小型模块化反应堆的人也承认，在成本可以降低之前，第一批小型模块化反应堆的建造成本与大型反应堆的单位电力成本大致相当。一位高管说："随着时间的推移，只要有足够多的小型模块化反应堆投入使用，我们认为成本就可以降低。"[7]。

但小型模块化反应堆的支持者表示，即使证明小型模块化反应堆生产的电力更贵，成本也不太可能上升，而且更有可能得到全额资助[7]。

世界核协会的 David Hess 说："融资是一个巨大的政策风险，而小型模块化反应堆可以降低这一风险。如果项目出了问题，至少浪费的钱更少"[7]。

1.4　核反应堆发电

在本节中，我们将回答关于"核反应堆如何发电？"的问题。核电站的基本发电循环如下所述。

各种规模的核反应堆都由核裂变（核燃料中的原子（通常是铀）分裂成更小的原子的过程并产生热量）提供动力。该定义适用于目前的裂变反应核电站。在不久的将来，基于磁约束聚变（MCF）[8]或惯性约束聚变（ICF）[9]的核聚变反应也将成为不同类型核电站（NPP）的能量来源。这两种类型的反应堆都是热核驱动的聚变类型，有别于裂变驱动的反应堆类型。

在热电厂中，热量把水变成蒸汽，蒸汽推动汽轮机发电。无论热量是由核能、煤炭燃烧或天然气等化石燃料燃烧产生，还是集中太阳能产生（不同燃料 CO_2 排放量对比如图 1.8 所示），该部分能量转换过程都是相同的。

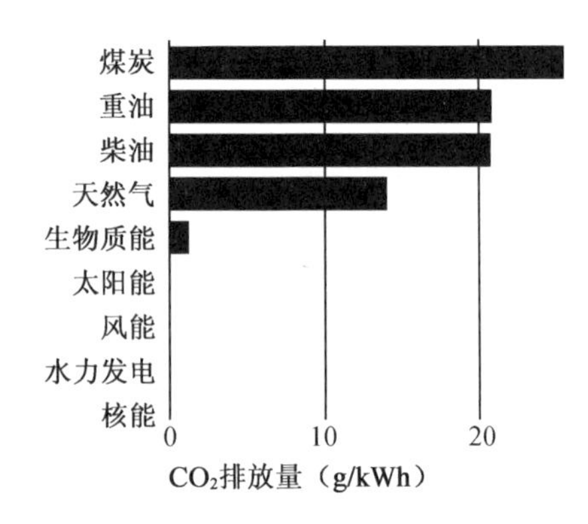

图 1.8　不同燃料所产生的热量对比（资料来源：加拿大政府）

各个参与小型模块化反应堆技术的国家都在小型模块化反应堆核电站与传统核电站相比的优势方面达成了共识。

例如，加拿大政府表示，与传统的核反应堆相比，小型模块化反应堆具有更低的先期投资成本和更强的安全功能。

根据代表核工业的世界核协会[10]的说法，由于小型模块化反应堆的尺寸小，大多数可以完全在工厂内建造并逐个模块地安装，使建造更快、更高效并且理论上更便宜。尤其是，当电力需求上升时，可以根据需要增加模块，而不是一次性支付全部费用使前期成本更低。

美国能源部（DOE）对小型模块化反应堆的支持可追溯到 2012 年 1 月，当时美国能源部呼吁工业界申请支持一到两个美国轻水反应堆（LWR）设计的开发，通过小型模块化反应堆许可技术支持（LTS）计划在 5 年内拨款 4.52 亿美元。因此，西屋电气、Babcock& Wilcox、Holtech 和 NuScale Power 公司提出了申请，申请模块的电功率范围从 225 MWe① 到45 MWe。

2012 年 3 月，美国能源部与三家有兴趣在其位于南卡罗来纳州的萨凡纳河基地建造示范性小型反应堆的公司签署了协议。这三家公司及其反应堆分别是：Hyperion（现为 GEN Ⅳ能源）的 25 MWe 快堆，Holtec 的 160 MWe 压水堆，以及 NuScale 的 45 MWe（已增加到 60 MWe）压水堆。这些协议涉及提供土地，但不涉及融资。美国能源部正在与另外四家小型反应堆开发商就类似安排进行讨论，目标是在 10～15 年内拥有一套小型反应堆为能源部综合设施提供电力。

SMR Start 呼吁美国能源部将小型模块化反应堆的许可技术支持计划延长到 2025 年，并增加投资。报告指出："私营公司和美国能源部已经在开发小型模块化反应堆上投入了超过 10 亿美元。但是，还需要通过公私合作的形式进行更多的投入，以确保小型模块化反应堆在 21 世纪 20 年代中期成为一个可行的选择。除了从小型模块化反应堆部署中获得公

① 按照国际单位制，这里表示的功率单位应为 MW，但原著中的 MWe 和 MWt 分别表示电功率和热功率，为忠实原著，本书保留这种表达方式。——译者注

众利益外,联邦政府还将通过与小型模块化反应堆设施的投资、创造就业机会和经济产出相关的税收方面获得投资回报,如果没有美国政府的投资,这些税收将不复存在。”

加拿大对小型模块化反应堆的支持可以追溯到 2016 年 6 月,当时是通过 Ontario 能源部的一份报告宣布的,该报告专注于离网远程站点的 9 种小型模块化反应堆设计。所有这些公司都具有中等水平的技术储备能力,并预计将与柴油公司竞争。其中,两种设计分别为 6.4 MWe 和 9 MWe 的一体化压水堆(PWR),三种为 5 MWe、8 MWe 和 16 MWe 的高温反应堆(HTR),两种为 1.5/2.8 MWe 和 10 MWe 的钠冷快堆(SFR)(图 1.9),一种是 3 ~ 10 MWe 的铅冷快堆(LFR)(见图 1.10),一种是 32.5 MWe 的熔盐反应堆(MSR)。其中有四种低于 5 MWe(一个 SFR、一个 LFR 和两个 HTR)。

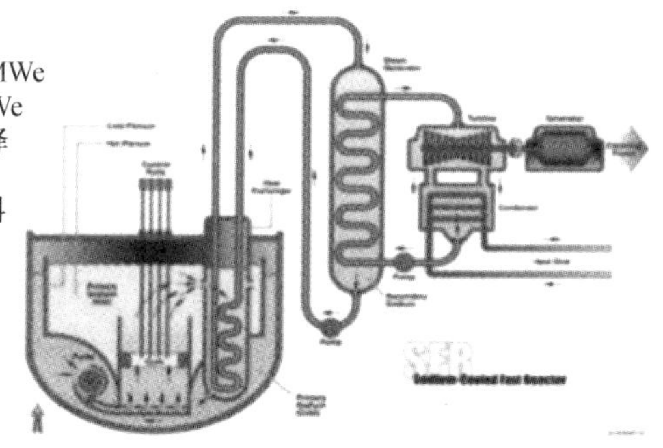

图 1.9　钠冷快堆(SFR)(资料来源:www.wikipedia.com)

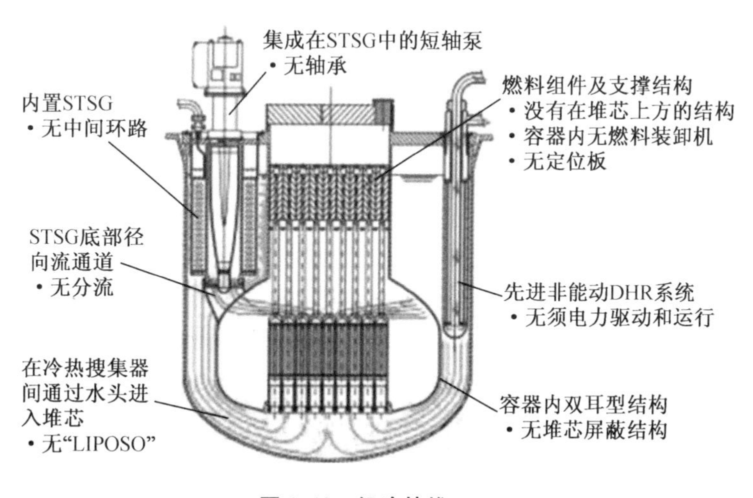

图 1.10　铅冷快堆

请注意,钠冷快堆(SFR)是一种由液体钠冷却的快中子反应堆。

首字母缩写词 SFR 特指两种第四代反应堆方案,一种是基于现有的液态金属快中子增殖反应堆(LMFR)技术,使用混合氧化物(MOX)燃料[11],另一种是基于金属燃料的一体化快堆。

目前已经建成了几个钠冷快堆,一些在运行中,还有一些正在规划或建设中。

Ontario 能源部将 25 MWe 以上的“电网规格”小型模块化反应堆与这些超小型反应堆区分开来。

铅冷快堆(LFR)是由熔融铅(或铅基合金)冷却的快中子谱反应堆,冷却剂具有非常高的沸点(高达 1 743 °C)和低蒸汽压,因此这些反应堆可以在高温和接近大气压的条件下运行。由于铅作为冷却剂的基本热力学和中子特性,铅冷块堆为新反应堆设计提供了可能,这些设计实现了高固有安全性、简化运行和出色的经济性能,同时提供了快堆的燃料及材料管理优势。铅冷块堆的设计涵盖了反应堆尺寸和潜在的部署方案。

西屋电气对热管冷却微型核反应堆设计提出了一种新的创新技术方法,使新一代(即第四代)反应堆的物理尺寸越来越小,如图 1.11 所示。

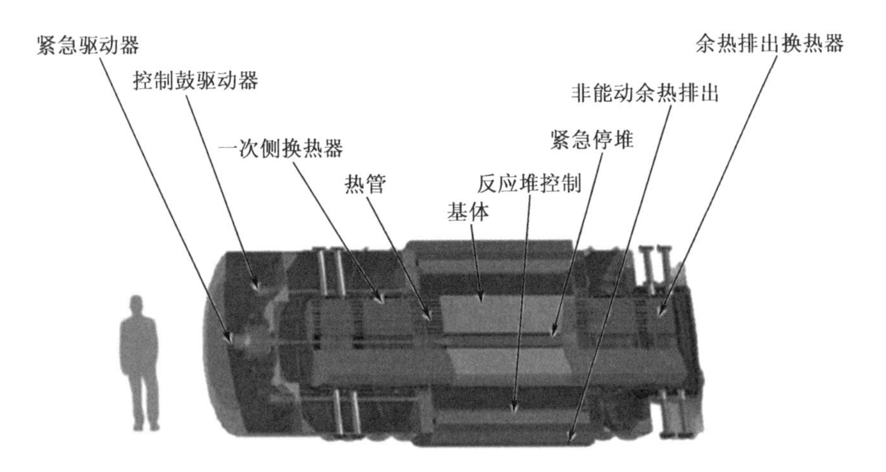

图 1.11　西屋电气热管冷却微型核反应堆(eVinci)布置(资料来源:www.wikipedia.com)

与其他小型反应堆设计不同,eVinci 是一个热管反应堆,采用一种密封于大量卧式热管中的流体流动实现热传导,热量从热的核燃料(流体在该区域蒸发)传递给外部冷凝器(流体在该区域释放汽化潜热)。无需循环泵即可在低压下实现连续的等温蒸汽/液体内部流动。该热量导出原理已经在小规模上得到很好的验证,但是 eVinci 反应堆使用液态金属作为流体,并且设想反应堆的功率高达几兆瓦。而钠热管空间反应堆的实验工作使用的是小得多的装置(约 100 kWe)。自 1994 年以来,热管堆强调高可靠性和安全性,一直被开发为强大且技术风险低的系统,以用于空间探索。

eVinci 反应堆将完全在工厂建造并装料。除了发电外,还可提供高达 600 ℃ 的工艺热量。机组将有 5 ~ 10 年的运行寿命,由于固有的反馈作用减少了核反应产生的多余热量,因此可以实现无人值守,同时也会影响反应堆负荷跟随特性。

请记住,热管是一种非能动传热装置,它没有活动部件,也不需要活动部件执行传热任务[12-13]。

美国核管理委员会(NRC)发布了一份关于其审查先进非轻水反应堆技术许可申请的战略白皮书草案。NRC 表示,在 2019 年 11 月前完成文件草案,并于 12 月之前提交第一个非轻水反应堆(non - LWR)申请。到 2019 年年中,六种反应堆设计已正式提交 NRC 寻求设计批准,其中包括三个熔盐反应堆、一个高温反应堆、一个快中子反应堆(FNR)和西屋 eVinci 热管反应堆[10]。

请注意,快中子反应堆是一种由快中子(平均能量超过 0.5 MeV 或更大)维持链式裂变反应的核反应堆,而不是热中子反应堆中使用热中子维持的核反应堆。

在针对小型模块化反应堆进行概念研究的六种第四代(GEN - Ⅳ)反应堆中,熔盐反应堆显示了建造和投产的前景。一个熔盐反应堆布置方案见图 1.12。

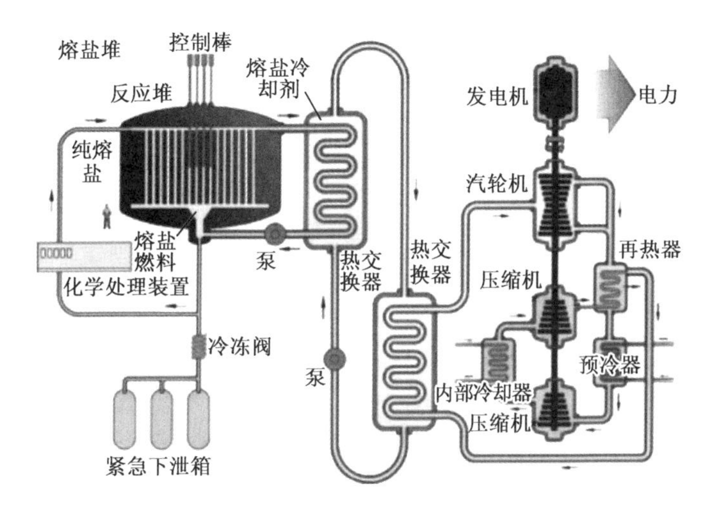

图 1.12　一个熔盐反应堆布置方案(资料来源:www. wikipedia. com)

熔盐反应堆(MSR)是一类核裂变反应堆,其主冷却剂和/或燃料是熔盐混合物。与传统核电站相比,熔盐反应堆具有多种优势,尽管由于历史原因,熔盐反应堆尚未被部署,但一直在研究中。

熔盐反应堆的概念最早于 20 世纪 50 年代提出。早期开展的熔盐反应堆研究是飞机核动力反应堆实验,主要是由于该技术可以提供较小的尺寸。熔盐反应堆实验是钍燃料循环增殖核电站的原型,对第四代反应堆设计的进一步研究重新激发了人们对该技术的兴趣。

就像我们目前所见到的,核电站制造公司和工业界正在押注小型发电厂,NuScale(图 1.13)领先,紧随其后的是西屋(图 1.11),还有 Holmic 小型反应堆(图 1.14),而通用电气、日立和 ARC 也开展了相关合作(图 1.15)。

到目前为止,第三代(GEN - Ⅲ)反应堆发电需要大量设施,周围环绕着数英亩的建筑物、电力基础设施、道路、停车场等,核工业正试图改变这种情况。从房地产的角度来看,核电站规模变小,其占地面积也会减少。

在爱达荷州建造的美国首座“先进小型模块化反应堆”的努力有望在 21 世纪 20 年代中期投入运行。当 NuScale 获得核管理委员会(NRC)的重要安全认证时,该项目向前迈出了关键的一步。

根据国际原子能机构(IAEA)的数据,在全球范围内,截止到 2020 年,中国、阿根廷和俄罗斯的小型模块化反应堆将率先发电。

关于这项技术是否值得投资的争论仍在继续,但核工业并没有在等待判决。作为一个能源学者,我想也不会。新一代更小、技术更先进的反应堆具有众多优势,包括流水线生产方式、大大降低堆芯熔毁风险,以及在场址方面具有更大的灵活性。与目前正在运行的传统核电站的权衡和比较见本章下一节。

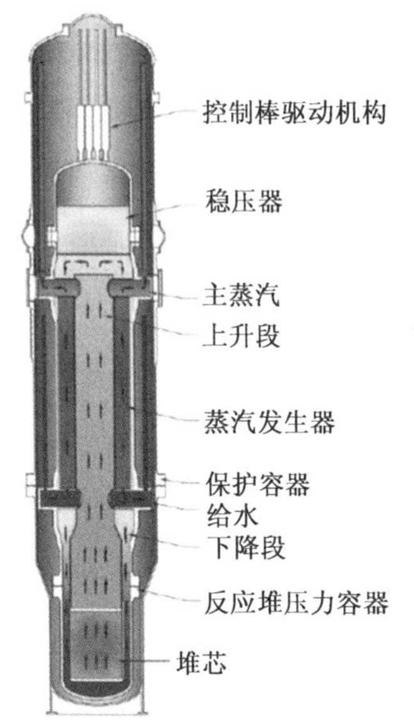

图 1.13　NuScale 小型模块化反应堆结构
(资料来源:www. wikipedia. com)

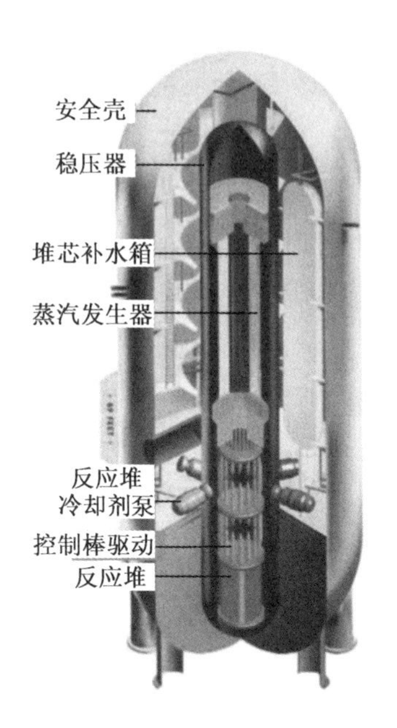

图 1.14　Holmic 小型反应堆结构
(资料来源:www. wikipedia. com)

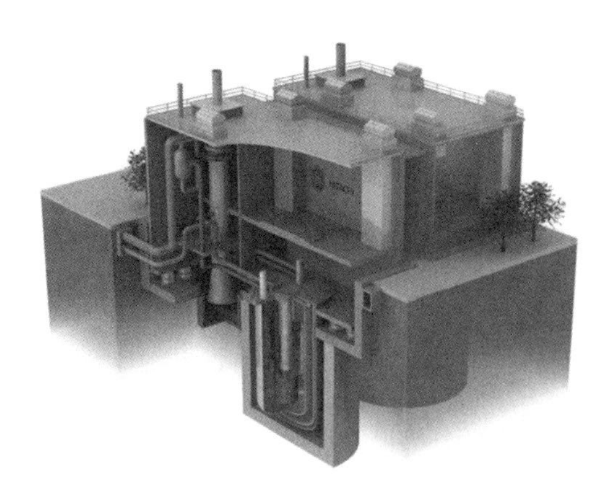

图 1.15　通用电气、日立和 ARC 的小型反应堆布置(资料来源:www. wikipedia. com)

现在的问题是反应堆究竟要有多小,才能被视为小型模块化反应堆,也就是说我们需要考虑微型核反应堆(NMR)的大小问题。

目前正在使用的大多数小型模块化反应堆的功率在 50 ~ 200 MWe 范围内,这大约够 60 000 个现代美国家庭一年的需要。还有一些更小的设计,如模块化“迷你反应堆”或模块化“微型反应堆”,其产生的功率只有 3 ~ 4 MWe。

相比之下,当前建造的全尺寸核反应堆将产生大约 1 000 ~ 1 600 MWe 的电力,而大多数这些反应堆都是在1990年之前建造的。包括美国目前正在运行的99座反应堆的一半以上的电功率都比这个功率更小。

1.5 小型模块化反应堆的优势

所有参与小型模块化反应堆设计的科学家和工程师都认同这一观点:与传统反应堆相比,小型模块化反应堆具有较低的前期成本和更强的安全特性。

世界核能协会(WNA)表示,由于小型模块化反应堆的体积小,大多数可以在工厂内建造并逐个模块地安装,从而使建造速度更快、效率更高,且在理论上更便宜。特别是小型模块化反应堆模块可以根据需要添加,前期成本将会更低,而不用一次性支付所有费用[10]。

小型模块化反应堆令人感兴趣的另一个原因是,它们可以更容易地进入废弃电厂来取代退役的燃煤电厂。这些燃煤电厂的机组不会非常大——90%以上的功率低于500 MWe,还有一些在50 MWe以下。在美国,2010年退役的燃煤发电机组平均为97 MWe,2015—2025年退役的燃煤发电机组平均功率为145 MWe。

如前文所述,通常将功率小于或等于300 MWe的核反应堆定义为小型模块化反应堆,采用模块化技术设计,模块工厂制造,以实现批量生产的经济性和较短的建造时间。该定义来自世界核能协会,其依据是IAEA和美国核能研究所的定义。下面提到或列出的一些已经在运行的小型反应堆不符合这个定义,但大多数小型反应堆都符合这个定义。

预计可降低成本的另一个特点是小型模块化反应堆更容易冷却,因为它们的表面积与体积比更大,这意味着小型模块化反应堆的安全系统不需要那么复杂。在发生故障时,大多数小型反应堆可以依赖内置的非能动安全功能,而不需要启动特殊系统。特别是那些先进的高温小型模块化反应堆是配置开式布雷顿循环以获得更高热效率输出的绝佳选择,可以通过更高效的发电来降低拥有成本[1]。

此外,我们还能说出小型模块化反应堆与传统的第三代核电站之间的其他区别吗?答案是一些小型模块化反应堆实际上是传统核反应堆的缩小版本,如NuScale小型模块化反应堆的设计就是围绕轻水反应堆的技术,这使得从核管理委员会(NRC)获得运营许可更容易,但有些也纳入了下一代核技术和设计。例如:

(1)熔盐反应堆使用熔融盐(在高温下熔化成液体的盐)而不是水作为冷却剂,并且将燃料溶解在盐中,这使得熔盐堆能够在常压下运行,而不同于传统的反应堆需要在高压下运行。

(2)液态金属快堆使用液体钠或铅作为冷却剂。熔盐快堆和液态金属快堆都可以重复利用和消耗来自其他反应堆的燃料。

(3)高温气冷反应堆使用氦等惰性气体作为冷却剂,可以在更高的温度下运行,从而提高了效率。

小型模块化反应堆核电站还有其他设计,其中有六个反应堆正在考虑作为第四代核能(GEN-Ⅳ)系统的代表堆型。

1.6　小型模块化反应堆的应用

创新的小型模块化反应堆有助于实现清洁能源的目标，并且更容易获得电力。

除了能减少碳排放，小型模块化反应堆占地面积小，因此与风能和太阳能相比占用的土地更少。小型模块化反应堆可以为退役的化石站点供电，将电力输出与需求相匹配，与可再生能源整合，并用于供热、海水淡化和其他应用。

由于小型模块化反应堆相对较小且可移动，政府和私人团体都对它们非常感兴趣。大型核反应堆存在大量(例如付款、融资和及时建设)的复杂问题。小型模块化反应堆是一个可行的解决方案，俄罗斯和法国等政府已经开始建设和利用这项技术[1-2,14]。

此外，小型模块化反应堆作为电力的替代能源，因其抑制 CO_2 排放量的潜力而备受关注[15]，见图 1.16。本书旨在评估未来十年小型模块化反应堆的潜在收益和应用，并考虑未来利用小型模块化反应堆的潜在缺点。

小型模块化反应堆已经被多方使用，包括“在核潜艇上和一些发展中国家，如印度和巴基斯坦”[1,4,14]。与大型核反应堆相比，小型模块化反应堆的主要优点是，它们更容易运输，需要的铀燃料更少，发生熔毁的可能性更低，而且在初始市场价格更实惠。小型模块化反应堆技术的主要优势之一是最初的经济效益。大型核反应堆的选址成本极高且难以融资，但是小型模块化反应堆却很可行，这为全球多方利用核能提供了机会。以法国为例，法国能源公司 EDF 计划在法国和芬兰建造新的大型反应堆，但是由于潜在的安全问题，“该计划超出预算数十亿欧元”[1,4,14]。

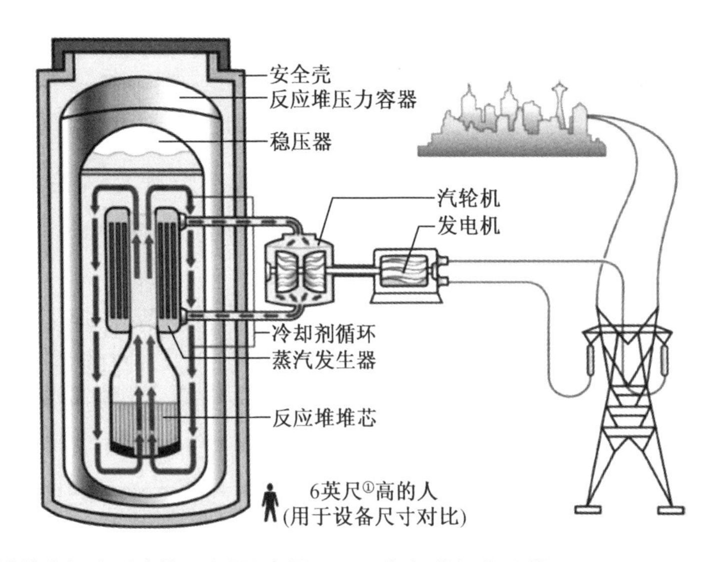

图 1.16　小型模块化轻水反应堆示意图(来源:GAO,根据能源部文件,GAO-15-652;由美国政府问责局提供)

①1 英尺≈0.305 米。

问题在于,建造和检查安全功能大型核反应堆需要更多的时间,而小型模块化反应堆可以克服这种财政压力和时间压力。小型模块化反应堆已经开始以切实的方式渗透到世界中。然而,考虑到小型模块化反应堆的许多优点并不像预期的那样多,随着政府和私营实体开始采用小型模块化反应堆来生产“清洁能源”,那么考虑小型模块化反应堆的潜在缺点和危险也很重要。

在加拿大,根据加拿大核安全委员会(CNSC)的报告,在如下三个主要领域也可以使用小型模块化反应堆。

(1)传统并网发电,特别是在寻找零排放技术以替代二氧化碳排放煤电厂的省份。

(2)目前依赖污染性柴油发电的偏远社区。

(3)资源开采地点,例如采矿、石油和天然气。

当然,任何新的创新技术在引入社会之初都有其自身需要面对的挑战。因此,我们需要询问关于小型模块化反应堆类似的问题,以了解“小型模块化反应堆在建造之前面临哪些挑战。”

华盛顿大学附属教员 Scott Montgomery(讲授和撰写过有关全球能源的文章),在发表于2018年6月28日的一篇文章中指出[16],虽然小型模块化反应堆理论上应该比传统反应堆便宜,但在实际建造和运行之前,它们的实际成本是未知的。他补充说,虽然小型模块化反应堆的设计目标是比大型反应堆产生更少的核废物,但后处理仍然是一个问题。

世界核协会表示,小型模块化反应堆的许可成本是一个“潜在的挑战”,因为它们并不一定比大型反应堆的许可成本便宜。然而,加拿大核安全委员会指出,许可成本只是技术开发成本中的一小部分,包括许多无论如何都必须进行的活动以证明该技术是可靠和安全的,如图1.17所示为每兆瓦时的生产成本。

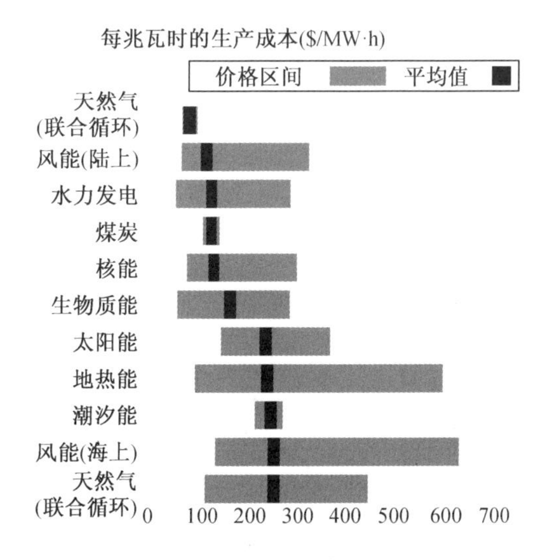

图1.17　每兆瓦时的生产成本(资料来源:美国国家能源委员会)

尽管加拿大核废物管理组织(NWMO)目前正在努力选择一个合适的地点,但与美国一样,加拿大还没有一个永久性的核废物储存库。

加拿大自然资源部发布了一份“小型模块化反应堆计划”，其中包含了一系列关于小型模块化反应堆的监管准备情况和废物管理的建议。

在加拿大，约有12家公司正在向CNSC进行预许可，CNSC正在审查他们的设计。

Ultra-Safe核能公司的微模块化反应堆能源系统设计安装在标准的集装箱中。该公司正与Global First Power公司和Ontario Power Generation公司合作，这些公司正在与AECL和CNSC就准备Chalk River实验室的反应堆选址进行谈判。Ultra-Safe核能公司以图1.19作为概念说明。

进展最快的是Global First Power公司，其与Ontario Power Generation公司和Ultra-Safe核能公司合作，并开始与加拿大原子能公司（AECL）及CNSC讨论关于在AECL的Chalk River实验室的反应堆准备场地的内容。他们计划到2026年在AECL基地建造一个小型模块化反应堆示范电厂。

根据国际原子能机构（IAEA）的数据，在阿根廷、中国和俄罗斯，目前有4个小型模块化反应堆正处于晚期建设阶段。

1.7 一体化小型模块化反应堆

成立于2013年的加拿大陆地能源公司设计了一种一体化小型模块化反应堆（IMSR）。这种简化的小型模块化反应堆将主要反应堆组件，包括一次热交换器到二次侧除盐回路，集成在一个密闭且可更换的堆芯容器中，预计使用寿命为7年。IMSR将在600~700 ℃的温度下运行，可以支持多种工业过程热应用。其慢化剂采用六角形的石墨，燃料是大气压下低浓铀燃料（UF_4）和氟化物载体盐的共晶物，二回路冷却剂为ZrF_4-KF。采用非能动应急冷却和余热排出。每个核电站都有容纳两个反应堆的空间，允许每7年换一次料，在使用过的单元冷却并且裂变产物衰变后，将其移走进行异地后处理，如图1.18所示为微型核反应堆的概念布置图。

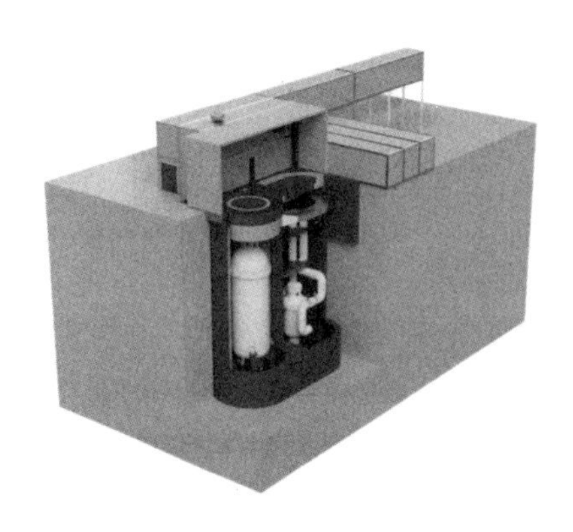

图1.18 微型核反应堆的概念布置图

IMSR是可扩展的，最初提供了三种规模：80 MWt、300 MWt和600 MWt，电功率为30~

300 MWe,但从2016年开始,该公司专注于400 MWt/192 MWe系统设计。最大堆型的电力总成本预计将与天然气成本形成竞争力。最小堆型的设计用于离网、远程电力应用,以及作为原型堆使用。

与其他MSR设计相比,由于“钍基燃料或其他形式的增殖都具有额外的技术和监管复杂性”,因此该公司特意避免使用钍基燃料。

2017年11月,陆地能源公司完成了加拿大核安全委员会(CNSC)对IMSR-400的预许可供应商审查的第一阶段。该公司计划不迟于2019年10月向NRC提交IMSR-400的设计认证申请或施工许可申请,希望在2020年正式使用其第一个商用反应堆。

为了满足全球日益增长的能源需求,同时保护我们赖以生存的环境和空气,我们需要一个改变游戏规则的人。除此之外,美国、加拿大等正在推动采用概念性先进模块化技术的一体化小型模块化反应堆,如图1.19所示。

图1.19 概念性先进模块化反应堆布置

陆地能源公司正在发展具有革命性的而不仅仅是先进的核技术。IMSR先进模块化反应堆采用了完全不同的燃料——熔盐燃料,而不是传统的固体燃料。通过这种经过验证的方法,IMSR第四代核电站比传统核电站更实惠、更具成本竞争力且用途更广。

IMSR技术可以快速推向市场,IMSR发电厂可在4年内建成,以与化石燃料具有竞争力的价格生产电力或工业热量,同时不排放温室气体。

在全球范围内,中国和英国等一些国家支持小型模块化核电站建设(NPP),一些国家通过Urenco(一家核燃料公司集团,在德国、荷兰、美国和英国经营多个铀浓缩厂)呼吁欧洲开发基于石墨慢化高温反应堆(HTR)概念的非常小型——4 MWe——“即插即用”固有安全的反应堆,如图1.20所示为一个典型的高温反应堆配置图。

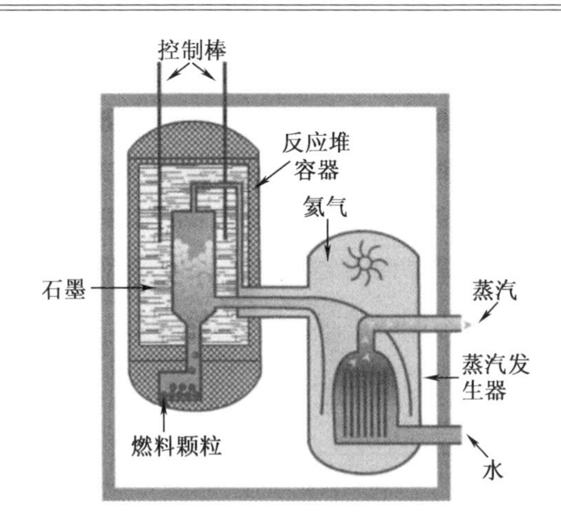

图 1.20 一个典型的高温反应堆配置图

高温反应堆可以使用钍基燃料，如含 Th 的高浓缩或低浓缩铀，含 Th 的^{233}U，含 Th 的 Pu。钍燃料的大部分经验都来自高温反应堆（见关于钍的信息文件）。

由于负反应性温度系数（裂变反应随着温度的升高而减慢）和非能动余热排出，反应堆具有固有安全性。因此，高温反应堆被认为不需要任何安全壳建筑。它们足够小，可以在工厂制造，并且通常安装在地面以下。

三种 HTR 设计——PBMR、GT－MHR 和 Areva 的 SC－HTGR——是美国有竞争力的下一代核电站（NGNP）项目。2012 年，Areva 的高温反应堆被选中。但是，目前唯一正在进行的高温反应堆项目是中国的 HTR－PM。

高温反应堆正在寻求美国政府对“U 型电池”原型的支持，该原型可以在换料或维修前运行5～10 年。

1.8 小型模块化反应堆作为可再生能源

先进的小型模块化反应堆是开发安全、清洁和经济的核能的关键部分。目前美国正在开发的先进小型模块化反应堆代表了多种规模、技术选择和部署方案。这些先进的反应堆，预计大小从几兆瓦到几百兆瓦不等，可以用于发电、工艺热、海水淡化或其他工业用途。小型模块化反应堆可以使用轻水或其他非轻水（例如气体、液态金属或熔融盐）作为冷却剂[17]。

先进的小型模块化反应堆规模相对较小、投资成本低、能够安装在大型核电站不可能选址的位置，并且可以扩大电力的规模。小型模块化反应堆还拥有独特的保障措施、安全性和防扩散优势。

美国能源部（DOE）早已认识到，先进的小型模块化反应堆可以为国家的经济、能源安全和环境前景提供革命性的价值。因此，DOE 为轻型水冷小型模块化反应堆的开发提供了大量支持，这些小型模块化反应堆正在接受美国核管理委员会（NRC）的许可审查，可能在未来 10～15 年内部署。美国能源部还对开发使用液态金属、盐和氦等非传统冷却剂的小型模块化反应堆感兴趣，因为它们更具有安全性、可操作性和经济效益。

美国能源部正在支持开发和部署先进的小型模块化反应堆，以帮助满足美国的经济、环境和能源安全需求。美国核能办公室在 2017—2018 年委托编写了三份报告，这些报告审查了小型模块化反应堆的潜在融资机会和结构、弹性信贷和财务激励措施，以帮助更好地了解在美国部署这种创新技术的可行性。

20 世纪以来，工业、住宅、交通和其他用途的能源使用量急剧增加，其主要是由储存在化石燃料中的能源推动的，最近才由核能提供。与大型化石燃料或核能发电系统相比，许多类型的可再生能源发电技术可以以较小的增量开发和部署，建设速度也更快，从而实现更快的投资回报。然而，随着我们称为第四代核能的新一代核反应堆的出现（其中小型反应堆越来越小，小到微型核反应堆的水平），小型模块化反应堆作为一种新的可再生能源变得越来越有吸引力。

作为可再生发电技术的一部分，小型模块化反应堆正在进行一系列的研究。可再生能源发电技术利用了自然存在的能量，如风、太阳、热或潮汐，并将这些能量转化为电能。自然现象具有不同的时间常数、周期和能量密度。为了利用这些能源，可再生发电技术必须位于自然能源比较富裕的地方，而传统的化石燃料和核能发电设施可以与燃料源保持一定距离。

可再生技术也遵循一种与传统能源略有不同的模式，即可再生能源可以被视为制造能源，其成本、外部能源和材料投入比例的最大部分发生在制造过程中。而核能和煤电等传统能源的燃料成本在投资中所占的比例很高，除生物质发电（生物能源）外，所有可再生技术都没有燃料成本。须权衡化石燃料的持续和未来成本与可再生能源技术的当前固定投资成本。

可再生能源和传统能源生产的规模经济效益也不同。大型燃煤和核能发电设施的平均发电成本低于小型发电厂，实现了基于设施规模的规模经济。可再生电力主要在设备制造阶段实现规模经济，而不是通过在发电现场建设大型设施。与小型核电厂相比，大型燃煤和核发电设施的平均发电成本更低，从而实现基于设施规模的规模经济。

除了水力发电外，可再生技术通常具有颠覆性，不会给长期建立的电力行业部门带来渐进式的变化。正如 Bowen 和 Christensen[18] 所描述的那样，颠覆性技术具有一系列性能属性，至少在开始时就不受大多数现有客户的重视。Christensen[19] 观察到：至少在短期内，颠覆性技术可能会导致产品性能变差。颠覆性技术为市场带来了与以往截然不同的价值主张。一般来说，颠覆性技术在主流市场上的表现不如成熟产品。但它们还有一些边缘客户看重的其他功能。相对于市场用户的需求而言，今天表现不佳的颠覆性技术，明天可能在同一个市场上完全具有竞争力。

传统的发电来源至少在最初的表现上优于非水力可再生能源。可再生能源的环境属性是将它们带入电力行业的初始价值主张。然而，随着可再生能源技术的改进和传统能源发电成本的增加（特别是考虑到温室气体排放成本），可再生能源可能具有与传统发电能源性能相匹配的潜力。

1.9 可再生能源和小型模块化反应堆的极限

从历史上看，首先是世界范围内的燃煤发电厂发电，然后随着发电厂技术的进步转向化石燃料，进一步通过燃气涡轮机的改进开始使用燃气发电来满足人们的电力需求。2015年，美国39 440亿kW·h的电力中，燃煤发电占39%。然而，煤炭的贡献已从十年前的50%稳步下降。

核能是能源利用历史上的成就之一，也是最具争议的成就。作为最初为制造原子弹而进行研究的成果，核能以一种生产性而非破坏性的方式利用了原子内令人难以置信的势能。截至2011年，核能为美国提供了近20%的电力。

老化的基础设施使许多旧的和较小的机组运行经济性很差。占煤炭发电能力50%以上的燃煤发电机组中，近70%的机组运行时间超过40年。截至2015年底，美国燃煤发电机组的装机容量为286 GW。仅在2015年，就有11.3 GW的燃煤机组退役。美国能源信息署（EIA）预计，到2025年，共有30 GW的燃煤机组将退役，其中87%在2020年底退役。

环保法规的收紧加速了这一趋势。新的监管标准要求减少汞、酸性气体和有毒金属的排放量，这些标准于2015年生效。减少这些排放所需的资金投入将使许多燃煤电厂的运营变得不经济，从而导致未来几年燃煤电厂大量关闭。公众对气候变化和二氧化碳排放的日益关注进一步增加了关闭燃煤电厂的压力。

在替代退役的发电厂方面，煤炭现在面临着来自另一种化石燃料。即天然气的竞争。技术的进步，使可获得的天然气储量急剧增加。现在天然气可以大量供应且价格低廉。虽然目前更清洁、更便宜，但天然气仍会排放大量的二氧化碳，并且面临燃料价格波动的风险。

伴随上述情况，在1950年左右出现且和平利用的核能，经历了多代技术的发展（见本章），现在这些第三代发电厂正在为新的和先进的第四代核电技术创造空间。

如果我们将每种能源都与核能进行比较，可以看出核能还有很长的路要走，如图1.21所示为能量燃料密度示意图。

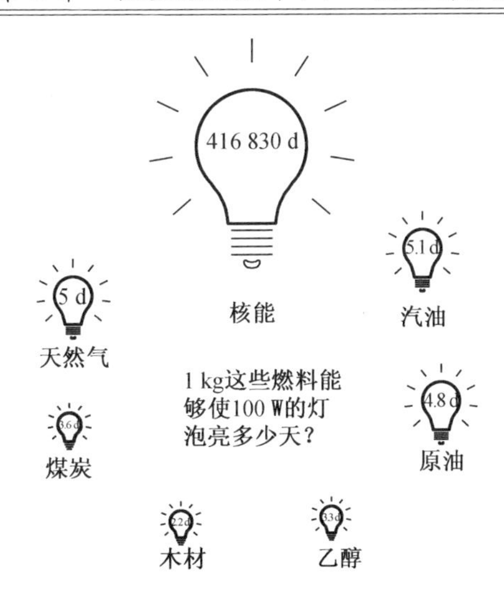

图 1.21　能量燃料密度示意图

很明显,核能可以在满足全球日益增长的能源供应和需求方面发挥非常重要的长期作用,同时应对与全球气候和环境影响相关的挑战。

在当今以极具成本效益的方式对电力和新的可再生能源的需求已促使世界上许多国家或地区,尤其是亚太地区的国家寻求新的和创新的能源来超越过去的技术,他们都在积极参与核能综合体的扩张。在这种程度上,核能可以满足全球或区域的长期能源解决方案需求,这种能源将取决于安全、安保、废物管理、防扩散的技术、政策的和平和充分性,以及温室效应问题。在建设的投资成本方面,同样也面临着能源效率的挑战,如图 1.22 所示为能量效率图。

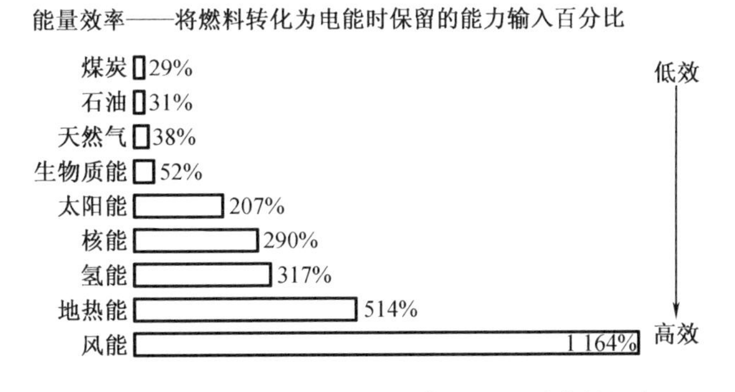

图 1.22　能量效率图(来源:《华宇街日报》能源点)

虽然图 1.22 中的图表表明风能是最有效的发电方式,但我们必须牢记,并非一年四季的每一天都有 24 小时的风,可能还有一些地区的风不能够满足发电的要求。

以下简要描述了一些能源产生电能的方式。

1. 生物质能

从田间遗留的农作物到杂草丛生的树木,从动物粪便到人类的垃圾,所有的这一切都可以回收利用并转化为可用能源。生物质是一个非常广泛的术语，涵盖了可用作能源的各种材料。

由于太阳的能量被所有生物吸收，如人类、动物，尤其是植物，我们看到的许多材料都是能量的仓库。例如，一棵树利用光合作用将能量储存在叶子和树干中，这棵树就是生物质。树木可以通过燃烧，以热量的形式释放能量。

2. 地热能

地热能是在地球内部产生和储存的能量，人类可以利用地球的核心热量来产生可用的能量。

3. 水力

水的原始能量每年为2 800万美国人提供足够的电力，截至2011年，它创造了美国近10%的电力。在全球范围内，水力发电每年可产生超过2.3万亿千瓦时的电力，相当于36亿桶石油产生的电力。

4. 风能

风能是最重要的替代能源之一。风看不见也摸不着，但它的威力对任何经历过飓风、龙卷风甚至强风暴的人来说都是显而易见的。在最坏的情况下，风会造成严重破坏，会摧毁沿途的一切。在最好的情况下，它是一种清洁、高效、廉价的能源；但截至2011年，风提供的电力还不到美国电力总量的3%。

5. 太阳能

太阳是光和热的主要来源。但它可以成为我们的主要能源吗？设计用来收集阳光的太阳能电池板或薄膜是太阳能发电过程中必不可少的一部分。太阳能是令我们印象最为深刻的能源。太阳比地球大100多万倍，每年为我们提供的能量是世界上所有煤炭和石油储量的10倍。尽管如此，截至2011年，太阳能的发电量在美国发电量中的占比还不到1%。

6. 化石燃料

化石燃料（煤炭、石油和天然气）为我们的生活和经济提供了动力，为从空中的飞机到路上的汽车提供了动力，为我们的房屋供暖并照亮夜晚。化石燃料是我们能源组合的基石，但同时也是有限的资源。

7. 氢能

氢能可以作为储存或运输能量的一种方式。

8. 能源基础

电力的生产和分配包括以下三个简单步骤：

（1）发电；

（2）传输；

（3）分配。

同样清楚的是，在满足我们低碳能源需求时，核能应该发挥关键作用。核裂变的能量密度意味着仅需少数电厂就可以满足我们大部分的电力需求。然而，在西方的自由化经济体中，传统的大型核电站并不繁荣。陷入困境的公用事业公司现在很难为耗资超过100亿英镑的项目融资,而反应堆供应商在降低成本或按计划上线新电厂方面也没有做好。

小型模块化反应堆可能是一种解决方案。与大型反应堆相比,每个机组需要的投资更少,其模块化特性意味着它们可以在受控的工厂环境中建造。而且随着部署的增加和时间的推移,小型模块化反应堆的制造成本可以通过改进制造工艺和增加数量来降低。这种边干边学的模式帮助海上风电行业实现了成本的降低,而核工业可以复制这一成功模式。

此外,先进和创新的小型模块化反应堆可以成功地解决这些问题,并通过工厂建设提供更简单、更标准化和更安全的模块化设计,每个发电厂的初始投资成本更少,并且建设周期更短。小型模块化反应堆也可以小到可以通过运输方式携带,并且仅占用较小的空间。小型模块化反应堆可以布置在一个孤立的位置,甚至不需要水作为冷却介质,不需要先进的基础设施,也不用接入电网(即海外偏远军事基地),就可以聚集在一个地点,提供一个多模块、大容量的发电厂。

为了强调我们为小型模块化反应堆技术辩护的观点,我们可以引用 Matt Rooney[2] 的描述,即"小型模块化反应堆可以在灵活的电力系统中提供许多优势,包括双输出的潜力,生产除电力外的其他有用服务,如氢气或热能。例如,小型模块化反应堆可以通过在可再生能源产量高时将电力转移到氢气生产中来提供需求/电网管理解决方案。"

一个新的小型模块化反应堆还将提供大量安全的低碳能源,从而减少对天然气、电力和生物质进口的依赖。铀是主要核燃料,是一种可在世界范围内交易的廉价商品,这种能源实施的先驱,既可以浓缩铀,又可以制造自己的核燃料。众所周知,核电从多角度降低了进口依存度。

1.10　小型模块化反应堆驱动的可再生能源和可持续能源

为了在本节中讨论这个问题,我们也问了自己一个问题;最有效的能源是什么? 答案在于以下事实,即真正的电力成本很难确定。这是因为许多投入还包括燃料本身的成本、生产成本,以及处理燃料对环境造成损害的成本。

Energy Points 是一家为企业进行能源分析的公司,指出应该用所有能源投入——化石燃料能量,加上用于生产的能量和用于环境治理的能量——的百分比来评价电力生产过程。

图 1.23 为 Energy Points 公司给出的每兆瓦时的电力成本,美国全国平均而言,化石燃料(煤炭、石油、天然气)转化的电力只占原始能源转化电力的一部分。这是因为它们是化石燃料,需要其他化石燃料才能转化为电力;它们排放出的气体如二氧化碳,也需要大量的能源才能得到缓解。然而,可再生能源的能源不是化石燃料,它们唯一的其他能源投入是生产和减少生产过程中产生的废物。这实际上导致产生的能量比消耗的化石燃料更多。风能是最有效的电力能源,风能可产生原始能量输入的 1 164% 的电能;在效率谱的另一端,煤炭只能保留 29% 的原始能源份额。

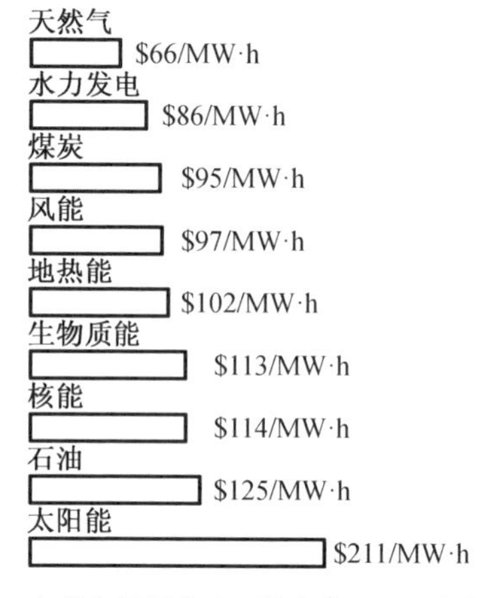

图 1.23　每兆瓦时的电力成本(资料来源:EIA,《华尔街日报》)

图 1.23 所示数字是美国全国平均水平,在亚利桑那州那样拥有大量基础设施和阳光直射的地方,太阳能可能比其他地区更有效率。因此,太阳能发电技术可能非常适合于那样的环境。另一方面,在这些地区,化石燃料、天然气和核电站冷却剂的淡水短缺,也促使太阳能发电厂成为发电和可再生能源的唯一选择,这可能也是非常具有成本效益的电力生产方式。

然而,无论如何,在特定地区的电力都可能来自许多不同的方式,包括石油、煤炭、天然气、风能、水力和太阳能。每个公司都有自己的一套成本计算方式,包括内部成本和外部成本。

使用 Energy Point 的方法测量环境外部性,并计算减轻环境影响所需的能量。例如,它量化了将煤炭和天然气转化为电力所产生的温室气体(GHG)排放,然后计算了通过碳捕获和封存来减轻这些排放所需的能源。水资源短缺和污染被量化为持续向该地区供水所需的能源。在使用太阳能或风能的情况下,Energy Point 考虑了制造和运输对电池板生命周期的影响。

Energy Point 考虑内部和外部成本的方法指标是比单纯的成本或碳足迹更全面的计算。例如,水力发电的碳足迹最低,为 4 g/(kW · h)CO_2,但当 Energy Point 考虑不同燃料的整个生命周期时,风能是最有效的。此外,根据美国环境保护署的标准化成本数据,天然气是最经济的发电燃料,该数据衡量了在假定的财务寿命和工作周期内建造和运营发电厂的总成本。虽然它很便宜,但如果考虑到生产和排放的效率,其经济性就不是很高。

1.11　可再生能源用小型模块化反应堆驱动的氢能

基于核能生产氢的研究正在进行中。制氢过程需要在第四代核反应堆(即小型模块化反应堆)中可以达到高温。目前正在进行技术研究,以定义和确定未来使我们能够回收和传递这些反应堆所产生的热量的组件。氢燃烧涡轮机发电可能是我们未来能源需求的解决方案之一,特别是在电力需求高峰期,但一直以来,氢能的问题就是氢气生产也需要能源。虽然氢是人类已知宇宙中最常见的元素,但实际上捕获它以供能量生产的过程本身通常也需要某种形式的燃料或能量[20]。

德国将采取严厉措施修改其长期以来一直将核电站作为主要能源来源的核能政策。例如,在德国决定放弃所有核电站的同时,日本宣布的新能源政策是采取措施尽可能减少对核能的依赖,同时增强其研发(R&D)以寻找替代的可再生能源。与此同时,政府正在为实现推动"氢社会"和使用氢作为能源这个目标铺平道路,例如,制造燃料电池车辆(FCV),新能源和工业技术发展组织(NEDO)下属的燃料电池和氢技术小组负责该项研发[17]。

氢气燃烧时不排放任何二氧化碳,因此它被认为是一种清洁能源,可以大大帮助减少温室气体对地球的影响。尽管预期如此之高,但也伴随着技术挑战和拥有成本,以及全面生产此类能源作为可再生能源的一部分该研发所产生的投资。例如,为燃料电池车辆建立昂贵的加氢站,以保证足够的氢气供应,并在不排放二氧化碳的情况下生产氢气,这些只是挑战和障碍中的一部分[20]。

氢的其他工业应用是在炼油厂,用于将原油加工成精炼燃料(如汽油和柴油),并清除这些燃料中的污染物(如硫)。如图 1.24 所示为一个典型的炼油厂。

图 1.24　一个典型的炼油厂

据估计,炼油厂的总氢消耗量为每天 124 亿标准立方英尺,相当于每桶加工石油的平均氢消耗量为 100 ~ 200 标准立方英尺。从 2000 年到 2003 年,炼油工业的氢消耗量以每年 4% 的复合增长率增长。如图 1.25 为氢气变压吸附装置[21]。

图 1.25　氢气变压吸附装置(由马勒先进气体系统公司提供)

炼油厂氢气需求增长的主要驱动因素如下。

(1)柴油法规中的低硫要求——炼油厂使用氢气去除柴油等燃料中的硫。

(2)低质量“重”原油的消耗量增加,需要更多的氢气来提炼。

(3)中国和印度等发展中经济体的石油消费量增加。

目前,全球炼油厂消耗的氢气约 75% 由大型氢厂从天然气或其他氢燃料中提取,其他的则从炼油过程中产生的含氢气流中回收。

变压吸附(PSA)技术用于氢气工厂和氢气回收。如图 1.26 所示为典型的金属精炼厂,图 1.27 所示为液氢生产设施的流程图。

氢气被用于一系列其他行业,包括化学生产、金属精炼、食品加工和电子制造。氢气可以以压缩氢或液氢的形式提供给这些行业的客户,也可以通过电解工艺从水中获得,或通过重整工艺从天然气现场生成。在某些应用中,人们将逐步转向现场生成以取代输送压缩氢或液氢,这主要是因为与输送氢相比,新的现场制氢技术的成本更低[20]。

图 1.26　典型的金属精炼厂

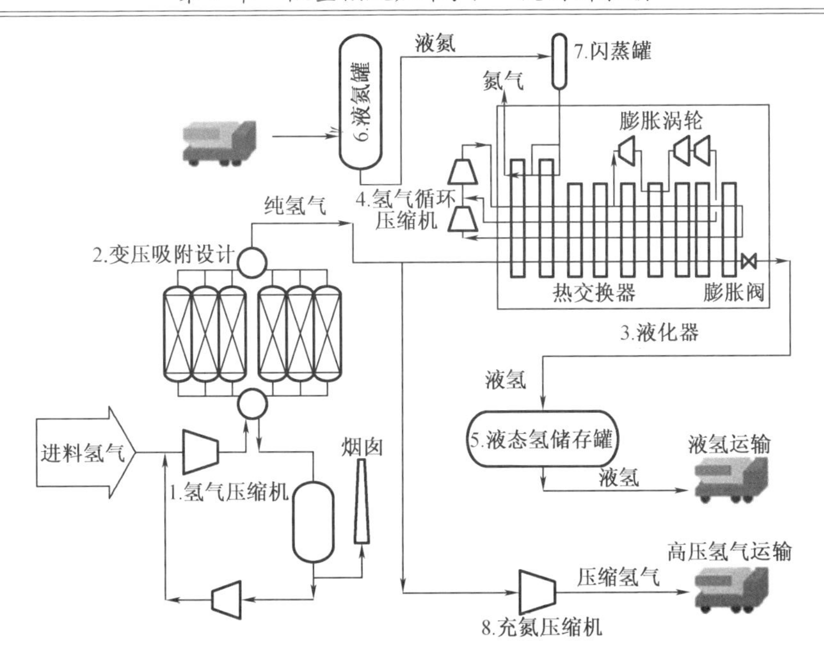

图 1.27　液氢生产设施的流程图

氢在工业中的其他应用如下：

(1)气象学家使用的气象气球，这些气球记录研究气候所需的信息。

(2)化肥和油漆工业。

(3)食品工业，在食品中用作制造氢化植物油的原料使用镍作为催化剂生产固体脂肪物质。

(4)焊接公司使用氢气作为焊接元件的一部分，被用于熔炼钢。

(5)化学工业用氢来提取金属，例如，需要氢来处理所开采的钨，以使其纯净。

(6)在家庭使用中，过氧化氢可以以非医疗方式使用。

其他应用包括花园中的害虫控制器，用于衣服的除渍剂，以及作为清洁房屋的漂白剂。正如我们所看到的，氢在多个行业有重要的作用。各行各业的用户可以从运营具有成本效益的高效氢厂中获益，并显著降低生产成本。

从化学知识中可知，氢是宇宙中最轻、最常见的元素。其原子序数是 1。元素状态的氢是非常罕见的，但它是水的组成部分之一，对生命至关重要。氢本身并不作为一种自然资源存在，而是需要通过与其他元素和分子分离来产生，比如围绕我们的巨大海洋内的水。

到目前为止，工业中最常见的生产氢气的方法是使用一种被称为蒸汽重整的技术从天然气中提取氢气。另一种生产氢气的方法是通过电水解作为蒸汽重整方法的替代方法，这两种方法叙述如下。

目前，石脑油、天然气和煤等化石燃料是氢气的主要来源，氢气是通过“蒸汽重整”法生产的，即在甲烷中加入蒸汽以产生氢气。大量的氢气也是苛性碱厂和焦炉生产的副产品。

相比之下，电水解是一个相对简单的过程和方法，氢的产生在任何高中化学实验课程中都有讲解，水中有两个电极，一个带正电荷的称为阳极，另一个带负电荷的被称为阴极。

这种通过水产生的感应电流将氢离子从氧中分离出来，正氢离子被吸引到阴极上，负氧离子向阳极移动。一旦离子接触到电极，氢就会获得电子，而氧就会失去电子，形成成熟的氢和氧原子，这些原子在水中上升，可以分别被收集到水容器的顶部。

日本的氢能源组织 NEDO 在 2012 年 7 月发布了一份关于氢能的白皮书，其中阐述了推广氢相关产品的重要性，预计到 2030 年，日本的氢相关产品将发展成为一个价值 1 万亿美元的市场，到 2050 年，其规模将达到 8 万亿美元[22]。

参考文献①

[1] B. Zohuri, P. McDaniel, Advanced Smaller Modular Reactors: An Innovative Approach to Nuclear Power, 1st edn. (Springer, Cham, 2019). https://www.springer.com/us/book/9783030236816

[2] B. Zohuri, P. McDaniel, Combined Cycle Driven Efficiency for Next Generation Nuclear Power Plants: An Innovative Design Approach, 2nd edn. (Springer, Cham, 2018). https://www.springer.com/gp/book/9783319705507

[3] B. Zohuri, P. McDaniel, C. R. De Oliveria, Advanced nuclear open air - Brayton cycles for highly efficient power conversion. Nucl. Technol. 192(1), 48 - 60(2015). https://doi.org/10.13182/NT14 - 42

[4] B. Zohuri, Combined Cycle Driven Efficiency for Next Generation Nuclear Power Plants: An Innovative Design Approach(2016)

[5] https://en.wikipedia.org/wiki/Nuclear_and_radiation_accidents_and_incidents

[6] https://www.cbc.ca/news/technology/nuclear - capacity - climate - goals - power - supply - iea - 1.5152080

[7] https://www.ft.com/content/bcffe4d2 - 2402 - 11e6 - 9d4d - c11776a5124d

[8] B. Zohuri, Magnetic Confinement Fusion Driven Thermonuclear Energy, 1st edn. (Springer Publishing Company, Cham, 2017)

[9] B. Zohuri, Inertial Confinement Fusion Driven Thermonuclear Energy, 1st edn. (Springer Publishing Company, Cham, 2017)

[10] https://www.world - nuclear.org/information - library/nuclear - fuel - cycle/nuclear - power - reac - tors/small - nuclear - power - reactors.aspx

[11] https://en.wikipedia.org/wiki/MOX_fuel

[12] B. Zohuri, Heat Pipe Application in Fission Driven Nuclear Power Plants, 1st edn. (Springer Publishing Company, Cham, 2019)

[13] B. Zohuri, Heat Pipe Design and Technology: Modern Applications for Practical Thermal

① 为了忠实原著，便于读者阅读与查考，在翻译的过程中，本书参考文献格式均与原著保持一致。——译者注

Management,2nd edn. (Springer Publishing Company,Cham,2016)

[14] K. Stacey,Small Modular Reactors Are Nuclear Energy's Future,Financial Times,25 July 2016

[15] Small Modular Reactors: A Window on Nuclear Energy, Andlinger Center, Princeton University,June 2015 http://acee. princeton. edu/distillates

[16] https://theconversation. com/the – nuclear – industry – is – making – a – big – bet – on – small – power – plants – 94795

[17] B. Zohuri, Small Modular Reactors as Renewable Energy Sources, 1st edn. (Springer Publishing Company,Cham,2019)

[18] Bowen and Christensen, "Disruptive Technologies: Catching the Wave" HBR, January – February(1995)

[19] CM. Christensen, Dilemma When New Technologies Cause Great Firms to Fail, Harvard Business Review Press, Boston, Massachustts(1997)

[20] B. Zohuri, Nuclear Energy for Hydrogen Generation through Intermediate Heat Exchangers: A Renewable Source of Energy(Springer Publishing Company,Cham,2016)

[21] http://www. xebecinc. com/applications – industrial – hydrogen. php

[22] http://www. japantimes. co. jp/news/2014/10/12/national/japan – rises – challenge – becoming – hydrogen – society

第2章 核工业走向小型和微型核电站的趋势

2.1 前 言

当今，由于通过蒸汽朗肯循环发电的大型反应堆的投资成本很高，且需要为4 GWe以下的小型电网提供服务，因此有必要开发更小的机组。这些机组可以独立建设，也可以作为一个更大的综合体中的模块来建设，并根据需要逐步增加容量(参见2.2节)。规模经济是由于产生的数量才会实现的。也有为偏远厂址开发的独立小型机组。与成本通常与相关公用事业资本化相媲美的大型机组相比，小型机组被视为更易于管理的投资。

对小型模块化反应堆感兴趣的另一个原因是，它们可以更容易地进入已被开发过的棕色地带，以取代退役的燃煤电厂，这些电厂的机组很少是大型的——超过90%在500 MW以下。在美国，2010—2012年退役的燃煤机组的平均功率为97 MW，预计在2015—2025年退役的机组平均功率为145 MW[1]。

小型模块化反应堆一般相当于300 MW以下的核反应堆，采用模块化工厂制造技术，追求系列化生产经济和短的施工时间。世界核协会的这个定义严格基于国际原子能机构和美国核能研究所的定义。下面提到或列出的一些已经在运行的小型反应堆不符合这个定义，但所描述的大多数反应堆是符合的[1]。

西方国家正在进行小型模块化反应堆开发，私人投资有很多，包括小公司。这些新投资者的参与表明，核能开发在从政府领导和资助向私营部门和具有强大企业目标私人领导的深刻转变，这些目标往往与社会目标有关。开发的小型模块化反应堆通常是经济而且不排放二氧化碳的清洁能源。

正如我们在本书的前言中所说，核反应堆正在变得越来越小，这也为参与这些反应堆的设计和制造的行业提供了一些机会。

美国正在开发一些微型反应堆，它们可能会在未来十年内被推出。

这些即安即用的反应堆将足够小，可以用卡车运输，有助于解决从偏远的商业区或住宅区到军事基地的多个地区的能源挑战，如图2.1所示，微型核反应堆具有很大的潜力。

可以说，微型核反应堆(NMRs)的一些特征不是由它们的燃料形式或冷却剂来定义的。相反，它们有三个主要特点：

(1)工厂制造：微型反应堆的所有部件将完全在工厂组装，并运到现场。工厂制造消除了与大规模建设相关的困难，降低了成本，并有助于实现反应堆快速启动和运行。

(2)可运输性:更小的机组设计使微型反应堆具有非常强的可运输性。供应商很容易用卡车、船只、飞机或火车运输整个反应堆。

(3)自我调节:简单和响应灵敏的设计概念将允许微型反应堆进行自我调节。微型反应堆不需要大量的专业操纵员,并将利用非能动安全系统,以防止任何潜在的过热或反应堆熔毁。

微型反应堆的优点在于其设计。微型反应堆的设计各不相同,但大多数都能够产生 1 ~ 20 MW 的热能,可以直接用作热量或转换为电能。它们可用于产生清洁和可靠的电力,用于商业用途或非电力应用,如区域供暖、海水淡化和氢燃料生产。

其他益处包括如下几方面:

(1)与微电网内的可再生能源无缝集成。

(2)可用于应急响应,帮助遭受自然灾害的地区恢复电力。

(3)堆芯寿命更长,不换料可运行长达 10 年。

(4)可以迅速从厂址移除并替换为新的机组。

大多数设计将需要富集度更高的铀 - 235 燃料,目前的反应堆中并未使用这种燃料,一些设计可能会使用高温慢化材料,这将降低燃料富集度的要求,同时保持较小的系统尺寸。

美国能源部支持各种先进的反应堆设计,包括气体、液态金属、熔盐和热管冷却的概念。美国微型反应堆开发人员目前正专注于气体和热管冷却设计,最早可能在 21 世纪 20 年代中期推出。

图 2.1 微型反应堆的巨大潜力(资料来源:美国能源信息局)

2.2 使用小型反应堆装置的模块化结构

西屋公司和 IRIS 的合作伙伴概述了其 IRIS 设计(约 330 MWe)的模块化建设的经济性案例,这一案例同样适用于其他类似的或更小的机组。他们指出,IRIS 的尺寸和简单设计非常适合模块化建设,即逐步建设一个具有多个小型运行机组的大型电厂。规模经济被许多小型、简单的部件和预制件的批量生产经济所取代。他们预计第一个 IRIS 机组的建设将在 3 年内完成,随后减少到仅 2 年。

厂址布局采用多个单机组或多个双机组。在每种情况下,机组的建造都将有足够的物理分离,以便在前一个机组运行并产生收入的同时建造下一个机组。尽管有这种分离,但电厂占地面积也可以非常小,例如,一个提供1 000 MWe电力的三个IRIS单机组的厂址与一个总功率相当的单个机组的厂址面积相似甚至更小。

许多小型反应堆的设计都是为了作为一个大型电厂的模块连续建设并集体运行而设计的。从这个意义上说,它们是“小型模块化反应堆”,但并不是所有的小型反应堆都是这样的(例如东芝的4S),尽管小型模块化反应堆这个术语经常被宽泛地用于所有的小型反应堆设计。

最终,由一些小型模块化反应堆组成的电厂预计的投资成本和生产成本将与大型电厂相当。但任何类似的小型机组都将有潜在的资金和灵活性,否则不可能建成更大型电厂。当一个模块完成并开始发电时,它将为下一个模块产生正现金流。西屋公司估计,由3年建造的IRIS机组每3年交付1 000 MWe,为期10年,最大负现金流少于7亿美元(而大约为1 000 MWe机组的3倍)。对于发达国家来说,小型模块化机组提供了必要的建设机会;对于发展中国家来说,这可能是唯一的选择,因为它们的电网不能采用1 000 MWe以上的单台机组。西屋公司小型模块化反应堆是一个大于225 MWe的一体化压水反应堆,所有主要部件都布置于反应堆容器内。

如图2.2所示,西屋小型模块化反应堆是一个800 MWt/225 MWe级一体化压水堆,具有非能动安全系统和一体化反应堆内部构件,包括基于AP1000的燃料组件(89个组件,2.44 m活性长度,富集度小于5%)。

图2.2 西屋公司小型模块化反应堆的艺术描绘图

蒸汽发生器在堆芯上方,由8个水平安装的轴流冷却剂泵输送冷却剂。反应堆容器将由工厂制造,并通过铁路运到现场,然后安装在地下一个直径9.8 m、高27 m的安全壳中。反应堆容器模块高25 m,直径3.5 m,换料周期为24个月,使用寿命为60年。非能动安全是指一旦发生事故,在7天内不需要操纵员干预。日常负荷跟踪能以每分钟5%的速率从100%功率变化到20%功率;电厂能以每分钟2%的速率进行连续负荷跟踪,负荷波动范围小于10%。

西屋小型模块化反应堆采用非能动安全系统和成熟的部件——在行业领先的AP1000®反应堆设计中实现——以实现最高安全水平,并减少所需部件的数量。这种设计方法将提供其他小型模块化反应堆供应商无法比拟的许可、建设和运行的确定性。

西屋小型模块化反应堆具有以下优点。

(1)设计非能动安全设施用于自动停堆,无须人工干预或交流电源即可保持堆芯冷却 7 天。

(2)燃料减少,在发生事故时释放的放射性减少。

(3)使用厂内水装量,依靠蒸发、凝结和重力的自然驱动力实现非能动热量排出。

(4)具有地下安全壳。

(5)创新的一体化设计消除了许多事故场景。

(6)当为油砂、油页岩和煤液化应用提供动力时,可提高能源安全性并减少整个生命周期的碳排放。

其他清洁能源与西屋小型模块化反应堆的比较如图 2.3 所示。

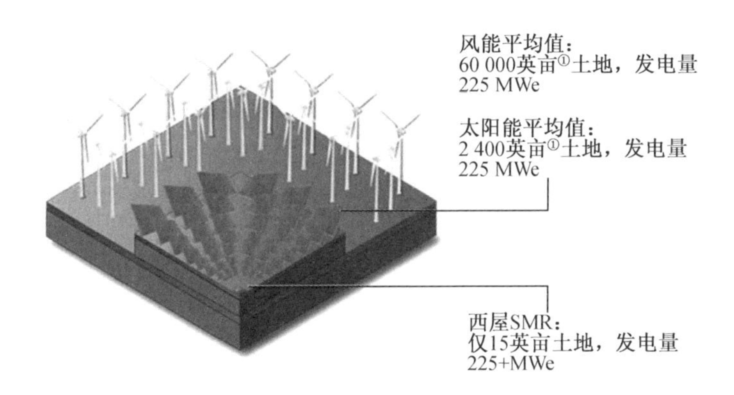

图 2.3　清洁能源与西屋小型模块化反应堆的比较

这种小型模块化反应堆的创新负荷跟踪能力如下:

(1)小型模块化反应堆能够经济地应对在较小电网和非稳态电网上提供基本负荷电力的独特挑战。

(2)小型模块化反应堆利用西屋机械补偿控制(MSHIM™)运行策略来跟踪电网的变化。

(3)MSHIM 允许在负荷跟踪和基本负荷运行之间轻松转换,操纵员动作最小。

(4)由于化学变化要求最小化,因此降低了运行成本 。

(5)日常负荷跟踪可从 100% 到 20% 以每分钟 5% 的变化率进行;在连续负荷跟踪中,电厂可以每分钟 2% 的速率进行 ±10% 功率范围内的负荷变化。

最后,如图 2.4 所示的西屋小型模块化反应堆堆芯的特征概述如下:

(1)电力输出: >225 MWe。

(2)反应堆功率:800 MWt。

(3)设计寿命:60 年。

(4)燃料类型:17 ×17RFA, <5% 富集 UO_2。

①1 英亩≈4047 平方米。

(5)厂址总面积:<15 英亩。

(6)非能动安全系统。

(7)可铁路、卡车或驳船运输。

(8)紧凑一体化设计。

(9)简化的系统配置,标准化、完全模块化方法。

(10)最小化的占地面积,最大化的功率输出。

(11)换料间隔 24 个月。

作为核工业小型建设这些反应堆建设的一部分,西屋公司正在研发微型核反应堆 eVinci。

eVinci 微型反应堆是下一代面向分散发电市场的非常小型模块化反应堆。

eVinci 微型反应堆的创新设计是核裂变、空间反应堆技术和 50 多年的商业核系统设计、工程和创新的结合。eVinci 微型反应堆的目标是创造出经济可持续的电力,更高的可靠性和最低的维护成本,特别是对于偏远地区的能源消费者。与大型集中电站相比,小型核电站更便于运输和快速地现场安装。反应堆堆芯设计可运行超过 10 年,无须频繁换料。

eVinci 微型反应堆的主要优点在于其固体堆芯和先进的热管技术[2-3]。燃料封装在堆芯内,从而显著减少了扩散风险,并提高了用户的整体安全性。热管支持非能动堆芯热量导出和固有功率调节,允许反应堆自主运行和固有负荷跟踪能力。这些先进的技术使 eVinci 微型反应堆成为一个具有最小运动部件的伪"固态"反应堆,同时具有非常强的可移动性和便携性。如图 2.5 所示为装在运输容器中的 eVinci 微型反应堆。

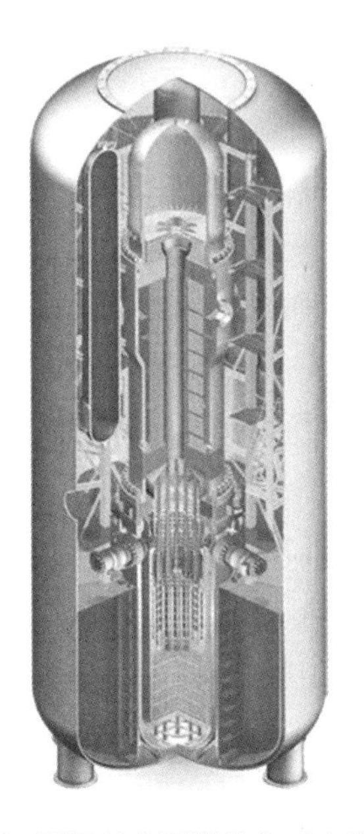

图 2.4　西屋的小型模块化反应堆堆芯

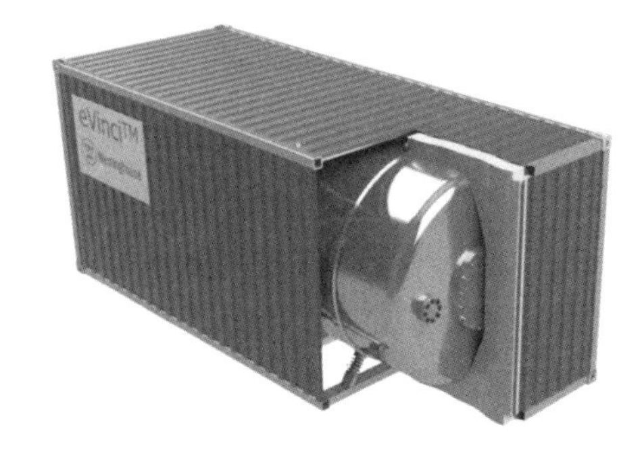

图 2.5　装在运输容器中的 eVinci 微型反应堆(来源:西屋公司)

作为我们在第 1.4 节中讨论的问题的一部分,"多小才算是小?",我们可以说,这些小型核反应堆技术实际上并不是什么新技术。印度是拥有最多核反应堆的国家,共有18个反应堆,容量在90~220 MW之间,建于1981—2011年。

美国、俄罗斯、中国、印度、法国和英国运行着数百艘核潜艇和核动力航母,从法国排水量2 600 t的最小攻击型核潜艇(图2.6)到英国排水量15 900 t的前卫级战略核潜艇(图2.7),均配置了一座反应堆。俄罗斯有数十艘核动力破冰船在北极周围巡航,其第一座浮动核电站已经建成,并将于2019年部署在东西伯利亚的佩韦克镇附近。

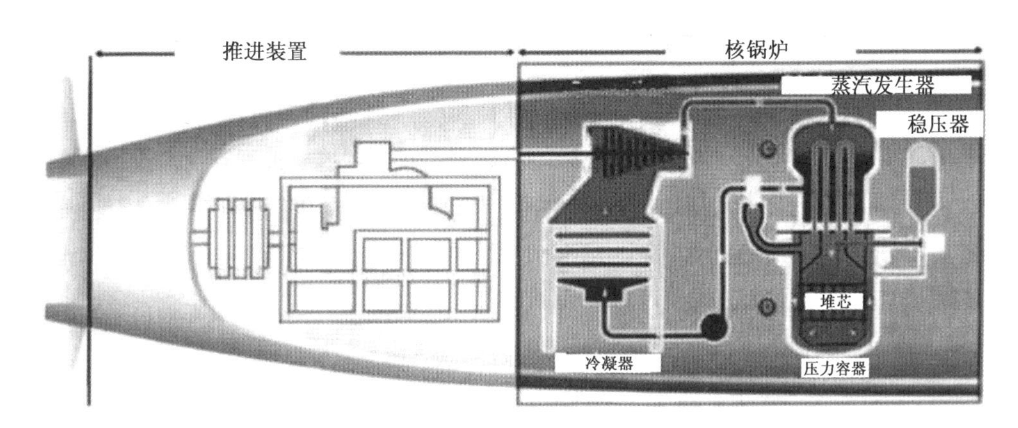

图2.6 法国核潜艇用一体化压水反应堆布局图

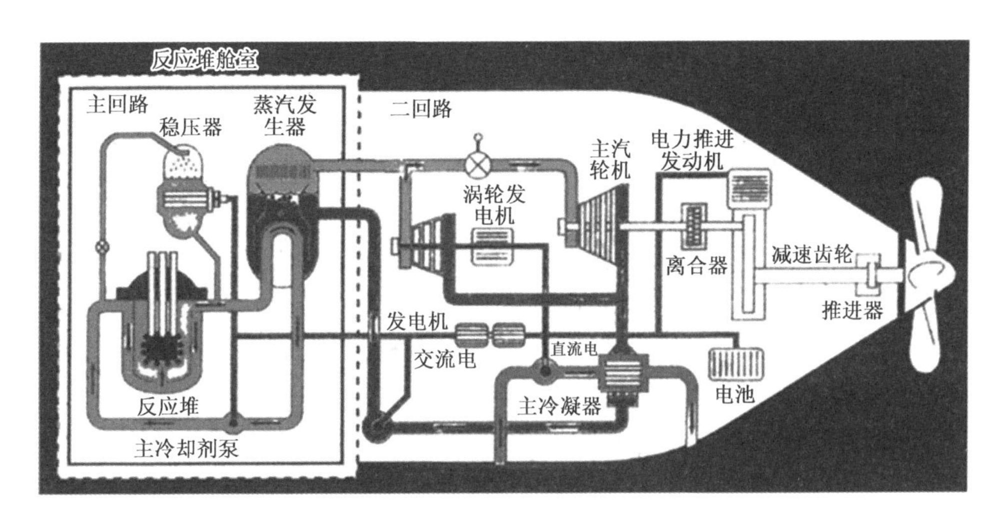

图2.7 英国核潜艇布局图

西伯利亚电厂将取代苏联在20世纪70年代建造的4个12 MW反应堆,为一个偏远的城镇和行政中心以及采矿和石油钻井平台供电。

核动力舰船和核动力推进装置的研究工作最早是在20世纪40年代开始启动的,第一个试验反应堆于1953年在美国启动。第一艘核潜艇鹦鹉螺号于1955年海试(图2.8)。这标志着潜艇从缓慢的水下船只向能够连续数周持续20~25节的战舰转变。潜艇发挥了其作用。

1960年,鹦鹉螺号引领了配置单座反应堆的鳐鱼级核潜艇和配置八座反应堆的企业号核动力航母(图2.9)的同步发展。1961年,巡洋舰发展紧随其后,长滩号核动力巡洋舰(图2.10)配置了两座早期型反应堆。值得关注的是,企业号航母一直服役到2012年底。

图2.8　美国海军鹦鹉螺号潜艇

图2.9　美国企业号航母(CVN80,译者注:此处舷号有误,应为CVN65)

图2.10　美国海军长滩号核动力巡洋舰

中国等其他国家也参与了小型反应堆的研发。中国广核集团有限公司(CGN)(以下简称中广核集团)有两种小型ACPR设计——ACPR100和ACPR50S,都具有非能动衰变热冷却和60年的设计寿命。两者都有标准类型的燃料组件且燃料富集度<5%,利用可燃毒性实现提供30个月的换料周期。ACPR100是一个一体化压水堆,热功率为450 MWt,电功率为140 MWe,有69个燃料组件。反应堆压力容器高17 m,内径4.4 m,工作温度在310 ℃。ACPR100被设计为更大的电厂的一个模块,并将安装在地下。这些应用与ACP100相似。

如图2.11所示为中广核集团的浮动反应堆概念船。Ocean Star - V版本将安装在这艘驳船上,作为一个浮动核电站使用。

海上ACPR50S的热功率为200 MWt,电功率为60 MWe,拥有37个燃料组件和4个外部蒸汽发生器。反应堆压力容器高7.4 m,内径2.5 m,运行温度310 ℃。它被设计用于作为浮动核电站(FNPP)安装在驳船上。在被批准为创新能源技术第13个五年计划的一部分后，CGN 宣布于 2016 年 11 月在渤海造船厂建设第一个浮动核电站，2019 年试运行，供应电力和海水淡化。

图 2.11　CGN 的浮动反应堆概念船

在讨论了反应堆规模有多小之后，我们可以说，即使反应堆很小，它们也可以在有多个反应堆的更大的发电厂内运行。例如，NuScale 希望在其爱达荷州的原址安装 12 个反应堆。根据该公司的最新预测，它的总容量将为 720 MW。近年来，从第四代反应堆的研究、设计和制造开始，全球小型反应堆得到了发展。私营企业和国有企业正寻求在包括美国在内的十几个国家建设这些小型发电厂。

法国四分之三的电力来自核能，加拿大可能很快就会加入这场竞争。

全球对小型模块化反应堆的兴趣源于越来越多的标准核反应堆的退役。

西屋公司将小型模块化反应堆推向更小型化，开发 eVinci 微型反应堆，成为核电工业的引领方向之一。eVinci 微型反应堆的创新设计是核裂变、空间反应堆技术和 50 余年的商业核系统设计、工程和创新的结合。eVinci 微型反应堆旨在创造经济可持续的电力，提高可靠性和降低维护成本，特别是对偏远地区的能源消费者。与大型集中电站相比，小型发电机更便于运输和快速地现场安装。反应堆堆芯设计可运行超过 10 年，无须频繁换料。

eVinci 微型反应堆的关键属性如下。

(1)运输的发电机组。

(2)建造、装料和组装全部在工厂内完成。

(3)热电联产——200 kWe ~ 5 MWe。

(4)高达 600 ℃的工艺热。

(5)5 ~ 10 年的使用寿命，具有无人值守的固有安全性。

(6)目标是少于 30 天的现场安装。

(7)自主负荷管理能力。

(8)无与伦比的防扩散能力。

(9)可靠性高，活动部件小。

(10)“绿色”的场址退役与修复。

图 2.12 是这些属性的总结。

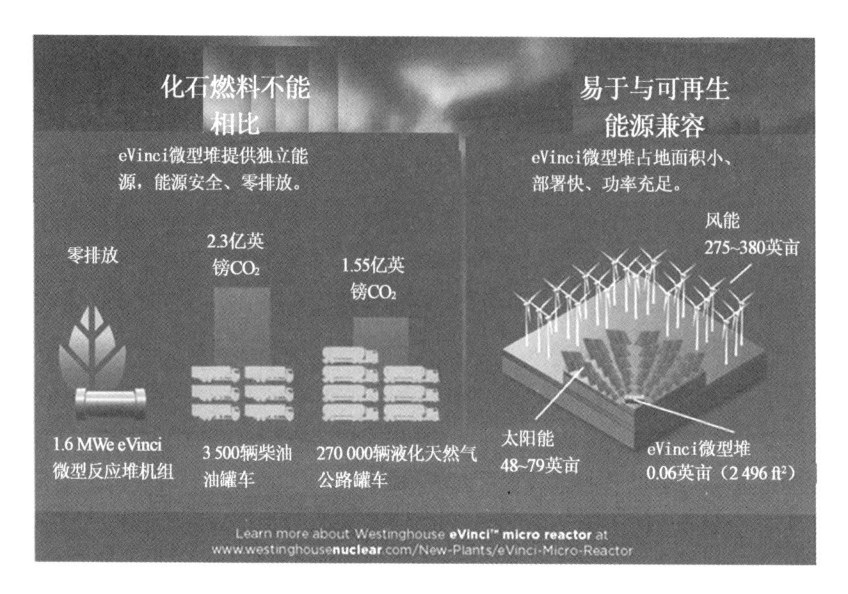

图 2.12　西屋电气 eVinci 微型反应堆属性

美国能源部(DOE)正在资助一项合资项目,该项目将在 2022 年前组装西屋 25 MWe 的微型反应堆 eVinci,准备进行核演示。

西屋公司表示,将提供西屋公司预计需要的 2 860 万美元中的 1 290 万美元,用于微型反应堆的设计、评估、制造、选址和测试。eVinci 是该公司拥有的三个小型模块化反应堆之一,也是主要的微型反应堆,美国能源部在 2017 年 12 月发布的"美国先进核技术发展的行业机会"资金替代公告对其补贴。资助机会公告宣传了赠款支持的可用性。

这些资助公告是美国当局为促进卓越核应用科学发展而进行的最新考虑和努力的一部分。同样在 3 月 27 日,由两党参议员组成的小组发起了立法讨论,以支持先进反应堆的创新。立法者表示,美国在管理关键核应用科学的发明和商业化方面处于领先地位,但在管理上存在不足。

2.3　一种新型热管反应堆

对西屋公司来说,联邦资金为其竞争激烈的环境下促进其新型微型反应堆技术的发展提供了一个重大机会。根据西屋电气的说法,eVinci 反应堆是一个核裂变和空间反应堆技术的创新结合,整合了公司在商业核系统设计、工程和创新方面的长期经验,图 2.13 所示为 eVinci 微型反应堆的增强热管。

图2.13　eVinci微型反应堆增强热管

西层公司表示,与大型集中电站相比,微型反应堆更方便运输和实现快速现场安装(图2.14)。由于反应堆堆芯设计运行时间超过10年,不需要频繁换料,因此西屋公司将其作为弧立电网或微电网解决方案进行营销。

图2.14　eVinci的可移动性图解

但是,一些专家声称,技术简单是eVinci的独特之处。该反应堆可以自主运行。其反应堆堆芯是一种固体钢基体,呈六边形模式排列,有燃料芯块、慢化剂(金属氢化物)和热管通道,见图2.15。图2.15为eVinci新型热管微型反应堆的堆芯及横截面结构,图2.16为同一反应堆的不同角度截面。

堆芯基体将作为第二道裂变产物屏障(燃料芯块是第一道屏障)以及燃料和热管之间的堆芯热介质。热管将利用一种基于导热和流体相变的传热技术从堆芯中导出热量。

然而,西屋公司承认,正在应对一些与微型反应堆部署相关的挑战。eVinci将使用富集度为19.75%的燃料,美国能源部正忙于解决将铀浓缩至5%以上的工业规模的问题。将在2020年10月之前证明,在肯塔基州皮克顿的朴茨茅斯气体扩散工厂生产高丰度低浓铀(HALEU)燃料。与此同时,2月27日,总部位于马里兰州的另一个能源部资金获得者X－energy在橡树岭国家实验室专门投入了其基于HALEU的TRISO－X燃料制造试点生产线。

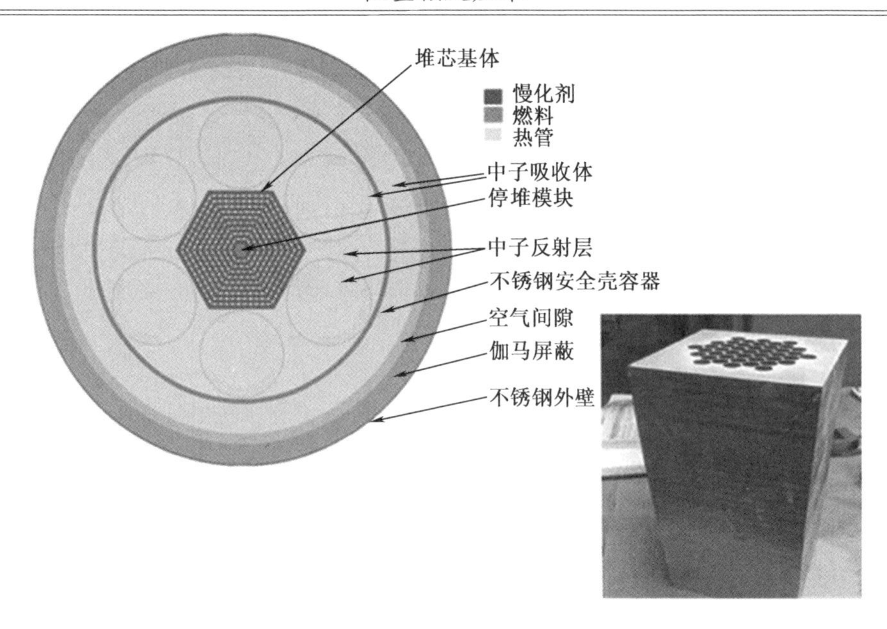

图 2.15　西屋电气的 eVinci 反应堆的一个横截面(资料来源:西屋电气公司)

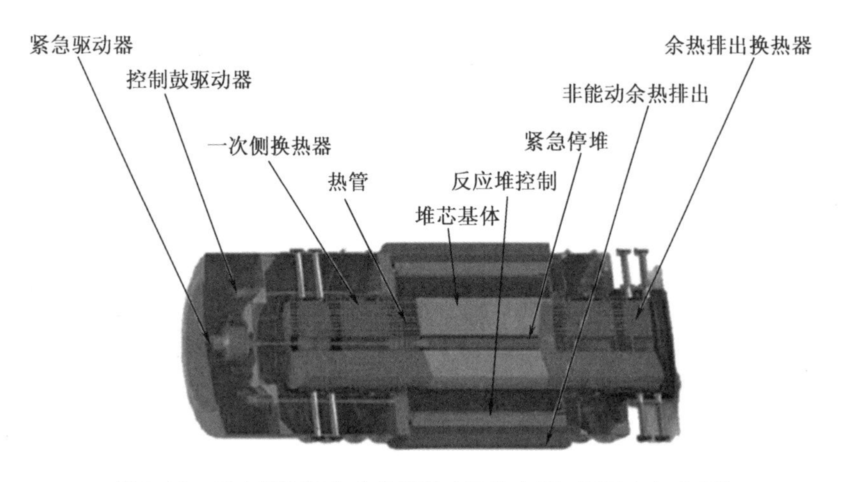

图 2.16　反应堆不同角度的截面(资料来源:西屋电气公司)

西屋电气还指出,虽然 eVinci 反应堆将在工厂中制造和组装,但第一次反应堆启动也应在当地,这意味着电厂将需要配备无线电保护设备、安全和安保系统,并获得核管理委员会(NRC)的许可证。运输也必须考虑到安全保障问题 。由于该反应堆可以自主运行,西屋公司将需要在许可、仪器安装、远程反应堆监控和物流方面应对第一个挑战 。

与其他小型反应堆设计不同,eVinci 是一个热管反应堆,它使用许多密封在水平钢热管中的流体将热从热燃料(流体蒸发段)传导到外部冷凝器(流体释放汽化潜热),不需要泵来影响在低压下连续的等温蒸汽/液体内部流动。这一原理在小尺度反应堆上已经得到验证,但这里使用液态金属作为流体,预计反应堆的规模可达几兆瓦。空间热管反应堆的实验工作采用小得多的装置(约 100 kWe),使用钠作为工作流体。自 1994 年以来,热管堆一直作为一个强大的、低技术风险的空间探索系统而被开发,其重点是高可靠性和安全性。

eVinci 反应堆将全部由工厂建造并提供燃料。除了发电外，还提供温度高达 600 ℃的工艺热。机组将有 5～10 年的运行寿命，由于多余热量引入的核反应增强了固有反馈，因此具有可无人值守的安全性，这也会影响反应堆的负荷跟随特性。虽然 eVinci 不被认为是一个先进的小型模块化反应堆（AdvSMR），但由于其尺寸小，是天基能源和军事应用的良好选择，具有可运输性和机动性等特征，因此由于缺乏更好的分类选择而属于微型反应堆类别。eVinci 微型反应堆的创新设计是核裂变、空间反应堆技术和 50 余年的商业核系统设计、工程和创新的结合。eVinci 微型反应堆旨在创造经济和可持续的电力，提高可靠性并降低维护成本，特别是对偏远地区的能源消费者。与大型集中电站相比，小型反应堆更便于运输和快速的现场安装。反应堆堆芯设计可运行超过 10 年，无须频繁换料。

eVinci 微型反应堆的主要优点在于其固体堆芯和先进的热管。该堆芯封装了燃料，因而显著减少了扩散风险，并提高了用户的整体安全性。热管支持非能动堆芯导热和固有功率调节，允许自主运行和固有负荷跟踪。这些先进的技术使 eVinci 微型反应堆成为一个具有最小活动部件的伪“固体”反应堆，其属性如下。

热管在相对较低的压力下以非能动模式运行，其压力小于大气压。每个单独的热管只包含少量的工作流体，并被完全封装在一个密封的钢管内。没有主冷却回路，因此没有机械泵、阀门或大直径的主回路管道等这些通常可以在今天所有商业反应堆中发现的部件。热管只是以连续的等温蒸汽或液体内部流将热量从堆芯蒸发器部分输送到冷凝器。热管提供了一种新颖且独特的方法来排出反应堆堆芯的热量[2-3]。

此外，西屋公司正在开发 eVinci 微型反应堆（图 2.16），其功率范围从 200 kW 到 15 MW。西屋公司表示，由于反应堆尺寸和“单个部件的高技术准备水平”，它可以在不到 6 年的时间内开发和演示 eVinci 微型反应堆。目前，西屋公司希望在 2019 年之前开发一个全尺寸非核演示机组，然后建立一个使用核燃料的整体测试，目标是到 2024 年进行商业部署。

西屋公司表示：“这些挑战需要详细的风险管理和规划，但它们不被认为是阻碍因素，它们的管理是西屋 eVinci 反应堆开发计划的一部分。”

请记住，作为小型模块化反应堆竞赛的先驱和领跑者，NuScale 预计美国核管理委员会（NRC）将在 2020 年 9 月之前批准其 60 MW 设计，并计划在 21 世纪 20 年代中期进行商业部署。2020 年 9 月底，NuScale 宣布选择位于弗吉尼亚州的 BWX Technologies 和 Babcock & Wilcox 的子公司来制造其小型模块化反应堆的工程工作。然而，该公司也在评估 1～10 MW 范围内的几个微型反应堆概念，其中两个轻水微型反应堆概念——单机组 NuScale 功率模块（NPM）和缩小尺寸的 NPM——可以利用当前的设计和许可工作。

2.4　热管简介

热管是一种有效导热系数很高的两相传热装置，由外壳、工作液体和吸液芯结构组成，如图 2.17 所示。输入的热量使在蒸发段部分吸液芯内的液体工质蒸发，饱和蒸汽携带着汽化潜热，流向较冷的冷凝段部分。在冷凝段中，蒸汽凝结并释放汽化潜热。凝结液通过毛细作用由吸液芯结构返回到蒸发段中。只要蒸发段和冷凝段之间的温度梯度保持不变，相变过程和两相流动循环就会持续进行。

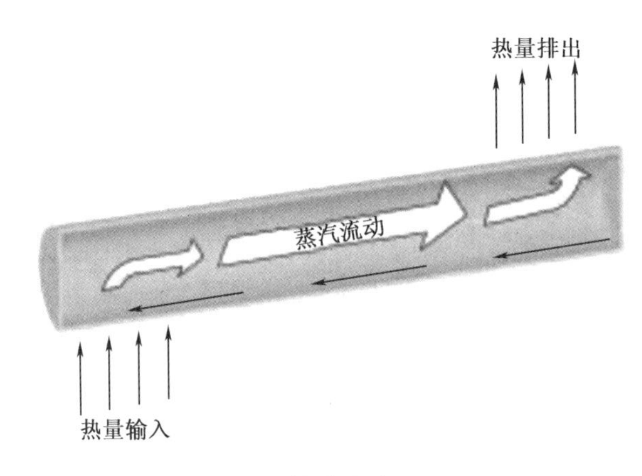

图 2.17　热管的简单物理配置图

热管的作用是在蒸发段加热，使流体沸腾转化为蒸汽。蒸汽流向冷凝段，排出热量，并凝结成液体。凝结液在重力的帮助下流回蒸发段。只要热管的蒸发段有热量输入（如温暖的外部空气），该相变循环就会持续下去。这个过程是非能动发生的，不需要外部电能。

在热管的热界面上，与导热固体表面接触的液体通过吸收该表面的热量而变成蒸汽。之后，蒸汽沿着热管道到达冷界面，凝结成液体，释放出潜热。然后，液体通过毛细力、离心力或重力作用返回到热界面，如此循环重复。由于沸腾和冷凝的传热系数非常高，因此热管是高效的导热体。热管有效导热系数随长度的变化而变化，长热管可接近 100 kW/(m · K)，而铜的导热系数则约为 0.4 kW/(m · K)。

热管采用蒸发冷却的方法，通过工作流体或冷却液的蒸发和冷凝，将热能从一个点转移到另一个点。热管依赖于管道两端之间的温差，并且不能使两端的温度低于环境温度（因此它们倾向于使管道内的温度相等），如图 2.18 所示为热管内部示意图。

热管有一个外壳、吸液芯和工作流体。热管设计为无须维护且长期运行，因此热管壁和吸液芯必须与工作流体兼容。一些看似兼容的材料/工作液体并不符合要求，例如，铝和水会在几小时或几天内产生大量的不可凝气体，从而阻止热管的正常运行。

2.4.1　热管材料和工作流体

自从 1963 年乔治 · 格罗弗重新开发热管以来，人们对热管进行了大量的寿命测试，以确定其兼容的材料/流体对，其中一些测试已经持续了几十年。在热管寿命测试中，须长时间运行热管，并监测不可凝气体产生、材料传输和腐蚀等问题。

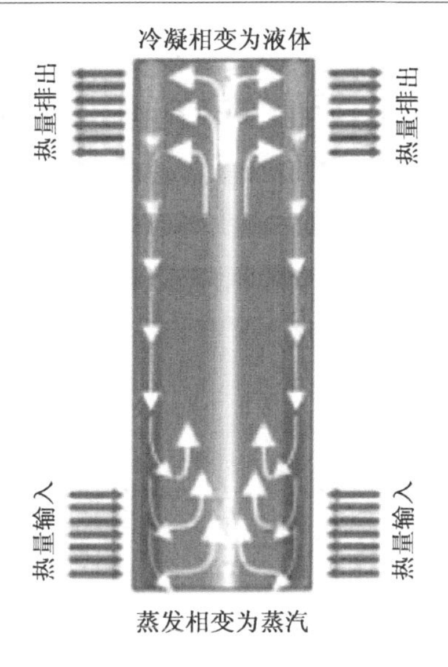

图 2.18　热管结构内部示意图

2.4.2　不同类型的热管

除了标准的恒定热导热管(CCHPs)外,还有许多其他类型的热管,包括:

(1)蒸汽室平面热管,用于热通量转换和表面热通量平均化。

(2)可变热导热管,利用不可凝气体随着功率或散热器条件的变化而改变热管的有效导热系数。

(3)压力控制热管,可以改变储罐体积或不可凝气体质量,以提供更精确的温度控制。

(4)二极管热管,正向导热系数高,反向导热系数低。

(5)热虹吸管,是一种液体通过重力/加速度返回蒸发器的热管。

(6)旋转热管,其中的液体通过离心力返回到蒸发段。

2.4.3　核功率转换

格罗弗和他的同事们正在研究航天飞机的核电池冷却系统,在太空中可能会遇到极端的热条件。这些碱金属热管将热量从热源转移到热离子或热电转换器上用以发电。

自 20 世纪 90 年代初以来,许多核反应堆电力系统已经开始使用热管在反应堆堆芯和动力转换系统之间输送热量。2012 年 9 月 13 日,第一个使用热管发电的核反应堆首次进行了演示。

在核电厂应用中,热管可用作非能动热交换系统,作为熔盐堆或液态金属增殖快堆堆芯非能动停堆余热排出系统(ISHRS)中的整体热工水力和自然循环子系统(即安装在堆顶),发挥非能动停堆系统二回路热交换器的功能,从安全的角度确保反应堆即便发生事故也不会达到其熔点温度[2-3]。

2.4.4 这些设备的好处

(1)高导热率(10 000~100 000 W/m·K)。

(2)等温。

(3)非能动。

(4)低成本。

(5)耐震。

(6)耐冻融。

2.4.5 限制

(1)热管必须适应特定的冷却条件。管道材料、尺寸和冷却剂的选择都会对热管工作的最佳温度产生影响。

(2)当在所设计的排热范围之外使用时,热管的导热系数会降低到其固体金属外壳的热传导特性水平——对于铜外壳,约为原始热通量的1/80。这是因为在预期的温度范围内,工作流体不会发生相变;在超过温度范围时,热管中的所有工作流体都会蒸发,冷凝过程停止。

(3)由于材料的限制,大多数制造商都不能制造直径小于3 mm的传统热管。

2.4.6 结论

总的来说,热管是一种传热装置,它结合了导热和相变的原理,在两个固体界面之间有效地传递热量。图2.19为热管的俯视图。只要蒸发段和冷凝段之间存在足够大的温差,热管中的相变过程和两相流循环就会持续进行。如果整体温度均匀,流体将停止移动,而一旦存在温差,流体就会重新开始流动。不需要外部能源(除了热量)。

在某些情况下,当加热段低于冷却段时,重力会使液体返回到蒸发段。然而在地球上,当蒸发段在冷凝段上方时需要一个吸液芯。如果没有重力,利用吸液芯也可用于实现液体回流,例如在NASA的微重力应用中使用的热管[2-3]。

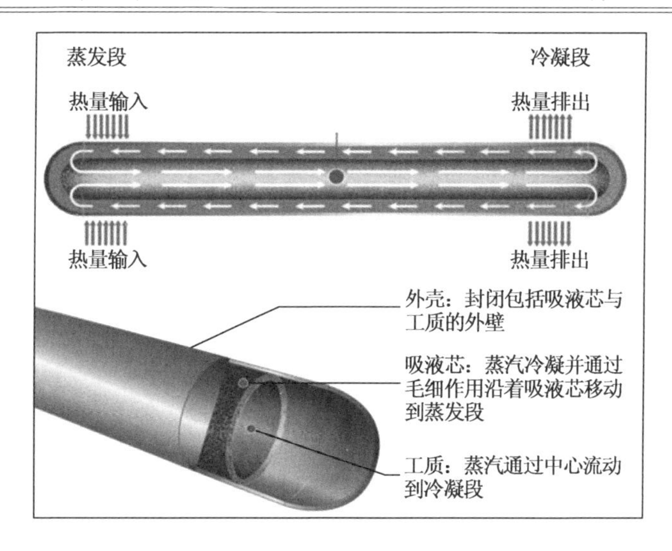

图2.19　热管的俯视图描述

2.5　新一代核电站的小型化

在公众对将核能作为发电动力源的意愿下降后，尤其是受到日本福岛第一核电站核事故(2011)及其引发的全球性去核化影响后，西屋电气(W)、巴布科克和威尔科克斯(B&W)等公司面临破产和重组，德国等国家也完全放弃了核能发电的想法。

然而，随着全球人口以近17%的速度增长，电力需求有所上升，并随着一氧化碳和二氧化碳以及温室效应的减排的需求，我们需要核能在近期的裂变过程以及长期的聚变过程变得更加成熟，并从研究走向生产。随着新一代的Ⅳ代(GEN－Ⅳ)在安全和运行方面更加先进的小型反应堆以模块化形式提供的成本生产效率，这些反应堆的小型化版本也出现了。这些反应堆的可移动性和可运输性与我们对电力的需求有关，因此更有理由建造和运行这些小型模块化反应堆，即使是在世界上大多数偏远地区。新一代电厂的可运输性示意图见图2.20。

图2.20　新一代电厂的可运输性示意图

从热力学的角度来看，通过采用联合循环技术，产生更好的热效率输出来提高这些先进的反应堆的技术效率[5-8]。

从现有第三代裂变核电站的技术来看，这些核电站通常是用数十亿美元的混凝土和钢铁建造的笨重结构。但有一家公司认为，实际上可以通过缩小规模让核能变得更便宜。

如图 2.21 所示为 NuScale 反应堆模块的概念图，位于俄勒冈州波特兰的 NuScale Power 是小型模块化反应堆的行业先驱之一，该公司已经提交了一份基于轻水反应堆技术的"模块化"核电站的设计。每个模块都是一个独立的 50 MW 的核反应堆，使用标准的铀反应堆燃料。模块将在一个类似工厂的设施中组装，然后交付给电力公司和其他客户及其所在地。NuScale 表示，每个模块的反应堆都将被安置在一个特殊的容器中，该容器淹没在水池中，这是一个额外的安全功能。

其他公司，如全息科技公司、通用电气/日立联合公司，也提出了类似的模块化和小型化方案。正如我们所说，西屋公司及其 eVinci 微型核反应堆正在引领这项工作。

核术语中的"微型化"仍然相当大。虽然这些模块可以装上平板卡车，但仍然有将近 9 层楼高。此外，一个发电厂可能需要几个模块像巨型电池一样连接在一起。当然，它们还需要由专业的核工程师来操作。

从历史上看，这是商业核电站制造商首次建议并向核管会(NRC)提出建造小型模块化反应堆的申请。

传统的核电站概念会让人联想到巨大的冷却塔、乏燃料池、洞穴般的地下隧道和最坏情景，但不一定都是这样。美国核电公司提交了在美国建造预先组装的微小型反应堆的正式计划，这些反应堆小到可以用船或卡车运输，如图 2.20 和 2.22 所示。

图 2.21　NuScale 反应堆模块概念图

图 2.22　使用驳船运输的小型模块化反应堆

(https://www.seeker.com/a-nuclear-energy-company-wants-to-build-americas-first-small-modular-r-2212178795.html)

这些新一代的核电站设计与传统的第三代核电站完全不同,将更安全、更具成本效益,并在总拥有成本(TCO)方面占据更多优势。

我们可以在这里列出新一代核电站的优点如下。

(1)这些先进的小型模块化反应堆的支持者表示,与大型反应堆相比,这些反应堆更容易建造,在位置上也更灵活。“模块化”一词指的是可以在类似工厂的环境中建造,通过陆运或海运将完全组装或容易连接的部件运输到厂址。

(2)这些反应堆可以为农村、工业区、山区、军事基地以及城区和港口供电,也可用于工业用途。

(3)由于其新技术,小型模块化反应堆将不同于已经部署的小型反应堆,采用新技术来降低风险甚至完全不存在熔化或爆炸的风险(就像日本福岛事故期间发生的那样)。

(4)这些小型反应堆所在的发电厂将增加防止蓄意破坏和放射性物质盗窃的保护措施。例如,它们可能配备了非能动冷却系统,即使没有操作人员在场,而且所有的电力都中断时,也可以继续工作。在很多情况下,整个反应堆和蒸汽发生器设备在地下,在地震和海啸等灾害(导致三座福岛核反应堆熔化的自然灾害)时保护这些设施的安全。

(5)和可再生能源一样,核能也不排放碳。与受季节性变化和干旱影响的风能和太阳能等间歇性发电能源相比,核能可以持续运行,而且占地面积要小得多。

(6)小型模块化反应堆可以与可再生能源配合,以替代燃煤或天然气发电厂。然而,核能可能不得不与先进的储能系统进行市场竞争。

如上所述,反应堆中的每个模块使用更少的铀燃料,使得大规模熔毁的可能性大大降低。燃料将安置在一个特殊的安全壳内,并被淹没在水池中,这是一个辅助的安全功能。反应堆将利用自然对流使水循环,而不是使用福岛核事故期间失效的泵循环。美国核电公司坚称,该设计比现有的反应堆更简单、更安全。

NuScale 已正式完成了提交给美国核管会的设计申请。这份 1.2 万页的申请将由核管会进行冗长的审查,必须经过批准才能开工。

随着小型模块化反应堆和微型反应堆理念的发展,这种小型反应堆的成本效益面临着挑战。虽然小型模块化反应堆每单位成本较低,建造成本更低,但却增加了运行成本[9]。这些反应堆较小,单位发电量较少,由于规模经济的影响,功率输出下降,而其他成本保持不变[10]。这可能是小型模块化反应堆尚未广泛出现的最重要原因。

其他挑战包括处理小型模块化反应堆的废物,当然,对于全尺寸的核反应堆也需要处理废物。此外,人们提到小型模块化反应堆的存在可能有用于恐怖活动的危险;考虑到小型模块化反应堆厂址的安全性,管理的严密性,笔者并不认为这会像一些人预测的那样成为一个严重的问题[11]。

尽管长期成本仍然是小型模块化反应堆成为能源行业新标准的障碍,但这种情况可能在未来几年内发生改变。在成本结构方面,安德林格中心的评论发现,“如果建造的小型核电站数量足够多,‘学习’能力足够强大,促使小规模的不经济性足够弱,5 个 200 MW 的反应堆可能比 1 个 1 000 MW 的核电站更便宜”[10]。

小型模块化反应堆现场组装也将更快更便宜,因为它比从地面(向下)建造反应堆简单得多。一旦进入现场,76 英尺高的反应堆就被放到一个地下安全壳中,容器本身就被淹没在一个垂直的钢混凝土反应堆水池中。整个地下结构用屏蔽罩覆盖,发电厂设施建在顶部。如前面所述,这些反应堆的支持者认为,这种模块化电厂的开发具有许多优势。

这些反应堆部署完毕后,相关优势是否会实现还有待观察。一些专家对该行业的承诺和期望表示怀疑。

尽管小型模块化反应堆设计的放射性废物比同等功率的标准、大型反应堆产生的放射性废物要少,但在何处安全处置核废料的问题仍未解决。

小型模块化反应堆还面临着其他挑战,有些是其自身造成的。对全球潜在市场的强烈兴趣促使许多公司提出了自己的反应堆设计方案。在笔者看来,已经有太多的版本了,不久之后,就会发生一场大洗牌。

目前还不清楚小型模块化反应堆发电的成本,至少在未来 10 ~ 15 年内可能仍然不清楚,直到一些设计方案实际建造和运行以后,才能明确发电成本。

一些专家预计,小型模块化反应堆的运行成本可能高于全尺寸反应堆,这些反应堆的建造和运行成本通常比天然气等其他能源选择的成本更高,然而,NuScale 预测,其小型模块化反应堆的成本更具竞争力。

这些猜测表明,小型模块化反应堆在能源领域确实有光明的发展前景。此外,小型模块化反应堆还有两个极具吸引力的潜在应用。应用小型模块化反应堆最理想的第一种情况是"用几个小型反应堆成组替代一个大型反应堆"。其次,小型模块化反应堆可能适用于"在大型反应堆不合适且不可行的偏远孤立地区单独使用"[10]。

2.6 微型核反应堆及其军事应用

正如我们在前面章节中了解到的,小型模块化反应堆已经被多方使用,包括"一些发展中国家,如印度和巴基斯坦"[12]。与大型核反应堆相比,中小型核反应堆的一些主要优点是,它们更容易运输,需要更少的铀燃料(更小的堆芯熔毁概率),而且在初始市场价格下更实惠。小型模块化反应堆技术的主要优势之一是最初的经济效益。因为大型核反应堆场址成本极高且难以融资,所以小型模块化反应堆更可行,从而为全球各方提供利用核能的机会。为了说明这个问题,可以参考法国。

法国能源公司 EDF 计划在法国和芬兰建造新的大型反应堆场址。然而,由于潜在的安全问题,"该计划超出预算数十亿欧元"[12]。问题在于大型核反应堆需要更多时间来建造和检查安全功能。因此,小型模块化反应堆可以帮助克服这种资金和时间的压力。显然,小型模块化反应堆已经开始以实质的方式渗透到我们的世界。然而,小型模块化反应堆的许多优点并不像人们预测的那样普遍。随着政府和私人实体开始采用小型模块化反应堆并利用小型模块化反应堆来生产"更清洁的能源",考虑与小型模块化反应堆相关的潜在缺点和危险也很重要。

仅在美国就有 70 多个处于不同发展阶段的先进核反应堆项目,在这一领域有着令人兴奋的进步。“微型反应堆”是这些创新技术中的一类,其特殊的属性对美国最大的能源用户——美国军方有着特殊的作用。

当谈到这些小型模块化反应堆的军事应用时,美国军方正在寻找能够装载在C-17或C-5Galaxy或安装在货机上或卡车上的公路移动式核反应堆,其中的一种如图2.23所示。

图2.23 通过军用卡车运输微的型核反应堆

美国军事行动的电力需求会不断增加,但小型核电站可能会带来新的问题。美国战略能力办公室(SCO)要求潜在供应商提交小型移动核反应堆的建议,以帮助满足在偏远和环境严酷地区运行期间不断增长的电力需求。这一请求是基于美国陆军希望延长其部队独立于既定供应链运作而提出的,但可移动式核电可能会给战场带来新的风险。

整个美国军方都越来越担心,在一场重大冲突中,在遭受火力攻击的战区迅速部署大量人员和设备的潜在困难,以及一旦他们到达战区是否会有作战基地来支持他们。现在,美国陆军表示,他们正在寻找方法以确保每个战斗团队都有补给,特别是燃料和水,能够保证在没有供应链的情况下持续战斗一周。

随着美国军方的主要焦点转向与俄罗斯和中国等潜在对手的冲突,美国空军(USAF)的高级领导人警告说,该军种必须准备好部署到任意地区,并迅速建立新的基地。否则,如果敌人摧毁或以其他方式在重大战争的开始阶段使已建立的设施无法使用,可能会使军方的行动遭到阻碍,至少在一段时间内无法完成任务。

2019年1月18日,SCO首次在美国政府主要承包网站FedBizOpps上寻找与未来小型移动核反应堆原型设计相关的“创新技术和方法信息”。4天后,SCO发布了该通知的修正版本,其中概述了一个“多阶段原型项目”,作为其所谓的达丽星项目的一部分。

最新版本的信息请求解释说:“未来几十年,应急行动中的能源使用量可能会显著增加。”“现代作战空间增加了对替代能源的需求,以使前方陆基和海上军事行动具有机动性。”其概念在图2.24中绘制出来。

请注意,离岸价格(FOB, free on board)是国际商法中的一个术语,规定了在交付货物时所涉及的义务、成本和风险。

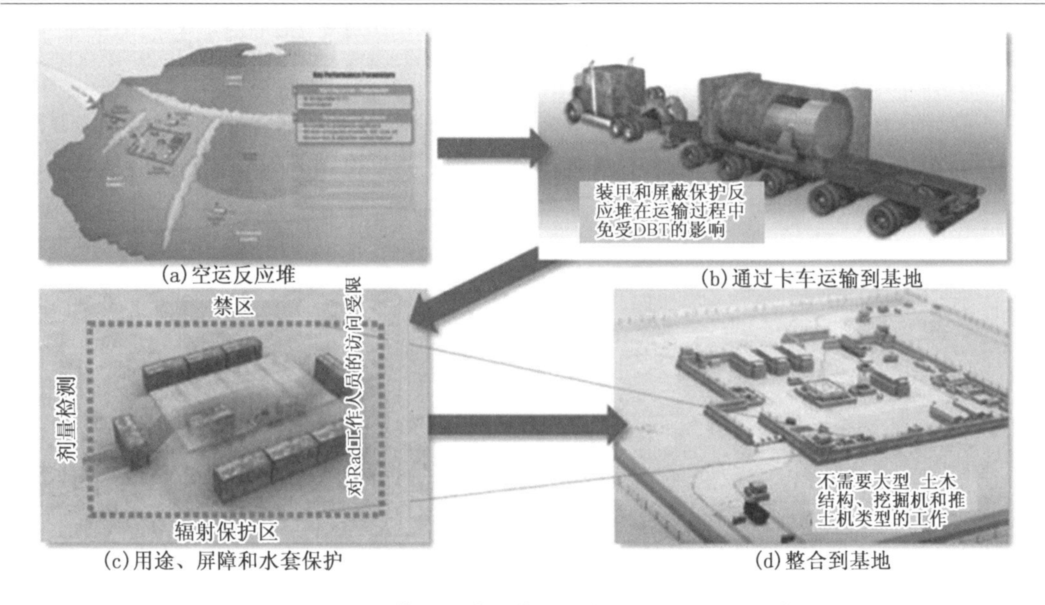

图 2.24　运行、战区运输和装运港离岸价格(FOB)概念图

此外,美国之前一份报告的图表描述了部署移动核反应堆的潜在行动概念。

SCO 的基本要求是设想一个反应堆可以产生 1 ~ 10 MW 的能量,低于一个小型研究反应堆的平均输出,质量小于 40 t。最终的设计需要通过半挂车卡车、船舶或美国空军 C - 17A Globemaster Ⅲ货机来运输。货运飞机 C - 17 如图 2.25 所示。

图 2.25　货运飞机 C - 17 的照片

反应堆将产生 1 ~ 10 MW 的电力,质量小于 40 t,能够在交付后 72 小时内安装和运行;无人值守的情况下运行时间可长达 3 年。

如果美国陆军成功地开发和部署了这些微型反应堆,通过生产微型反应堆所创造的供应链可以被当前和未来小型模块化反应堆的发展所利用。

此外,假设美国陆军生产了足够多的此类产品,那么来自生产线的成本和进度数据最终可能会回答商业小型模块化反应堆开发商需要多少订单才能启动自己的生产线的问题。请注意,美国陆军不太可能希望共享确保前沿基地战术准备所需的生产能力。

军事反应堆的测试和安全审查程序还将为商业反应堆提供实用的测试用例，并通知NRC了解这些类型的反应堆。根据美国《陆军时报》的报道，爱达荷国家实验室表达了浓厚的兴趣，预计将进行测试工作。

2019年1月22日，《联邦商业机会》上公布了收购这些微型反应堆的规格，有时被错误地称为“核电池”。该公告附带了操作和物理需求的详细清单，是一个“信息请求（RFI）”。当年晚些时候可能会发布一份全面的提案请求（RFP）。

请读者注意：2019年3月4日，RFI发行办公室的正确名称是国防部长办公室/战略能力办公室（OSD/SCO）。提到的美国陆军实际上指的是美国国防部这一部分。

此外，RFI表示，国防部可以为其第一阶段的开发部分挑选三个原型。这将需要原型设计和其他计划。据称，这一阶段将持续9～12个月。爱达荷州国家实验室估计，测试和演示最早可能在2021年开始。

有许多已经处于不同开发阶段的潜在概念可以满足SCO的要求。美国能源部自己的洛斯阿拉莫斯国家实验室（LANL）与西屋电力公司合作，一直在研究一种名为超级电力的系统，如图2.26所示。现在已经有一段时间了。西屋电气正在单独进行自己的eVinci微型反应堆系统设计。

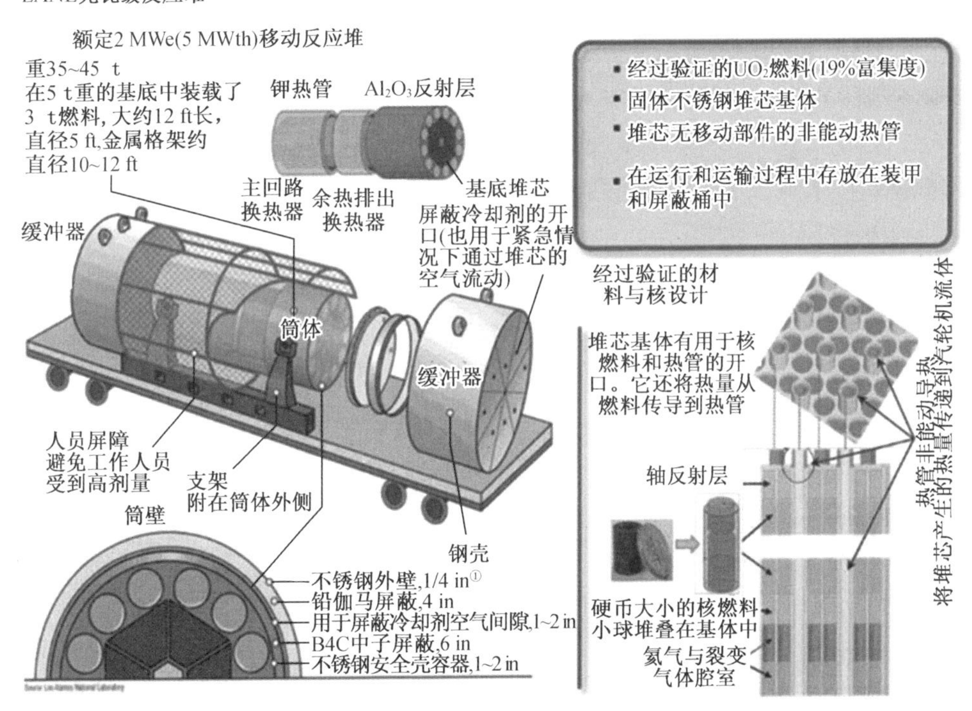

图2.26　洛斯阿拉莫斯国家实验室兆瓦级反应堆系统设计（资料来源：LANAL）

①1 in≈2.54 cm

2018 年 9 月,洛斯阿拉莫斯国家实验室的官员公布了正在建造一个满足军方需求的极小的反应堆的工作。

在 LANL 微型反应堆中,核燃料为 HALEU。燃料被封装在一个固体钢单体中,形成一个次临界反应堆芯,堆芯被一个中子反射层包围,堆内包含一个简单的停堆棒,允许堆芯按需要运行临界反应。

裂变反应产生的热能被高温、碱金属热管有效地从堆芯中排出,这是一种自 20 世纪 70 年代以来在地球和太空上广泛应用的技术——热能被转化为电能。

作为超级动力反应堆系统的一部分,这个新的微型反应堆源于洛斯阿拉莫斯为美国宇航局开发一个小型核反应堆的工作,将来这个反应堆也可能会为火星或月球上的居民提供动力。这个被称为 Kilopower 的火星反应堆大约是行李箱大小,提供 1 ~ 10 kW 的电力。反应堆的一个关键特征是自调节:其依赖于固有的物理现象来自然地调节自身功率输出以满足功率需求。非能动热管驱动多台发动机发电。在美国内华达州国家安全现场的国家临界实验研究中心测试了一个较小版本的系统。

Kilopower 项目是一项短期的技术努力,旨在开发小型核反应堆的初步概念,该技术可用于一个经济的裂变核能系统,使其能够长期停留在行星表面(图 2.27)。

图 2.27　行星表面上的反应堆概念图

在 2018 年 3 月,使用斯特林技术(KRUSTY)成功完成 Kilopower 反应堆实验后,基洛沃尔项目团队开始开发任务概念并进行额外的风险降低活动,为未来可能的飞行演示做准备。这样的演示可能为未来的 Kilopower 系统铺平道路,该系统可为月球和火星上的人类前哨基地提供动力,使在恶劣环境下完成任务成为可能,并利用现场资源生产当地推进剂和其他材料。

Kilopower 项目是美国宇航局航天技术任务局的颠覆性技术发展计划(GCD)的一部分,该项目由美国宇航局的兰利研究中心管理。Flight Opportunities 计划为抛物线和亚轨道飞行提供资金,通过使用商业可重复使用的亚轨道运载火箭将其曝露在与空间相关的环境中,从而使 Kilopower 技术的钛水热管更加成熟。该项目仍将是 GCD 计划的一部分,目标是在 2020 财年过渡到技术示范任务计划。

Kilopower 项目团队由美国宇航局格伦研究中心领导,携手美国宇航局马歇尔航天飞行中心、能源部(DOE)、国家核安全管理局(NASA)、NNSA 的洛斯阿拉莫斯国家实验室、Y - 12 国家安全中心和内华达州国家安全基地(NNSS)等合作,于 2017 年 11 月至 2018 年 3 月在 NNSS 设备组装设施的国家临界实验研究中心进行测试。

请记住,没有什么比美国军方通过战区运送燃料更危险的了。2009 年,美国陆军发现在阿富汗每 24 支燃料车队就有一名士兵死亡。所以,如果能找到一种更好的方法在偏远基地发电(这就是大部分燃料的用途),就可以大大降低军队的风险(图 2.28)。

图 2.28　通过战区输送核反应堆能源

一种方案可能是由洛斯阿拉莫斯国家实验室和西屋电气公司正在开发的一个新的微型核反应堆来解决。这款固有安全的微型反应堆基于热管技术建造[2-3],没有存在失效可能的冷却水或泵,使用非能动调节系统,因此不会发生熔堆事故,并可以在 10 年或更长时间内产生至少 1 MW 的安全、可靠的电力。1 MW 电可为一个陆军旅约 1 500 ~ 4 000 名士兵提供充足能源保障。

请注意,美国国防部已经对小型核反应堆关注了近十年,因为小型核反应堆可以作为美国本土和海外军事设施的强大和可靠的电源。目前,由通用原子能公司、NuScalePower 有限责任公司、奥克罗公司、西屋电气公司和 X 能源有限责任公司等推出的"微型反应堆"设计,特别符合美国国防部对能源安全和适应性的需求。

微型反应堆是一种适应力很强的动力源,可以大范围安装,能够增强系统的射程、耐久性、敏捷性和任务保证。微型反应堆的设计具有孤岛运行、无源启动、对抗严重自然灾害,以及人为物理和网络安全威胁的能力,并可运行几年而不需要停堆换料。

小型模块化反应堆和微型核反应堆甚至可以为偏远的军事和民用社区提供动力(图 2.29),并与反应堆行业、供应商及美国国防部(DOD)和美国能源部(DOE)的相关部门密切合作。核能研究所(NEI)在发布的报告中展示了一份路线图,其中列出了需要采取的行动并确保在国内国防领域成功将这些初露锋芒的新一代微型反应堆在 2017 年底前安装,例如 INL。

NEI 的技术报告"为美国国防部国内设施部署微型反应堆的路线图"[13],为试点项目提供指导和投入。该路线图概述了在美国国内国防部设施部署第一个微型反应堆的时间表和挑战,并建议采取行动,确保按照 NDAA 的规定在 2027 年 12 月 31 日之前完成安装。

图 2.29　偏远的平民社区微型反应堆概念图

NEI 建议对国防部、能源部和行业采取的行动包括：

（1）国防部应确定主机安装和现场要求，对设计进行评估，并在 2019 年底前与商业实体签订合同或协议。

（2）能源部应在 2022 年底前提供高丰度低浓铀（HALEU）。这是用裂变铀 235 富集的铀，略高于目前商业核反应堆使用的水平，是一些微型反应堆设计所必需的。

（3）开发人员应维持微型反应堆设计的开发，以使其能够在项目时间表内进行部署，包括可制造、可施工和可操作的设计，并可选择与能源部建立公私合作伙伴关系。

（4）国防部应该与工业行业和美国核管理委员会密切合作，以确定并解决与微型反应堆相关的独特监管问题。

（5）业界应立即开始与国家反应委员会合作，探讨加快微型反应堆审查进程的方案。

虽然路线图的重点是国内防御设施，但微型反应堆同样适用于海外的前沿作战基地。对于这些应用，美国国防部也对微型反应堆很感兴趣，因为它们有可能消除燃料补给的需要。

SCO 要求采用不能熔化的设计，不需要对其他安全运行进行持续监测，也不会对健康造成任何即时危害。LANL 和菲利蓬及其联合有限责任公司都声称，他们的设计通过各自系统的固有安全特性满足这些要求。

但是，即使反应堆本身不会发生灾难性的事故，无论设计如何，在严峻的条件下，为偏远而简朴的基地供电可能会面临其他风险。如果敌军最终摧毁了反应堆，可能会导致放射性物质的扩散。图 2.30 为在偏远地区进行放射性侦察任务的军事人员。

国防部想要一个主战坦克大小的可移动式核反应堆（能够被运送到海外战区）。该反应堆将为美军提供兆瓦级的电力，为从 Xbox 到定向能源武器的所有设备提供动力。移动反应堆还将使军方减少对发电机柴油的依赖，在某些情况下，柴油必须沿着危险的补给路线输送。

根据联邦商业机会网站，国防部的战略能力办公室已经正式发布了一个“小型移动核反应堆”的信息请求。总部设在美国国防部的战略能力办公室（SCO）带头开发尖端军事技术。

图 2.30　在偏远地区进行放射性侦察任务的军事人员

与更关心开发技术的国防高级研究计划局不同，SCO 更关注可交付武器系统和其他技术，甚至如上面描述的小型移动核反应堆。

最重要的是，美国陆军或军方希望他们的旅级部队能够在全球任何地方随时随地作战，以捍卫美国的利益至少整整一周而无须再补给，并且拥有不含任何化石燃料的发电来源，例如柴油或汽油，正是这些需求让新一代的先进微型反应堆看起来非常有吸引力。

SCO 担心部队已经危险地依赖于在重大冲突期间可能不存在的后勤链。

2.6.1　美国国防部的要求

适应性是美国国防部的主要要求。适应性在 2018 年 NDAA 中定义为“避免、准备、减少、适应和从预期和非预期的能源中断中恢复，以确保能源可用性和可靠性足以提供任务保证和准备，包括任务关键资产和其他与准备相关的任务基本操作，并执行或迅速重建任务的基本要求。”2018 年的 NDAA 还将能源安全定义为“确保能够获得可靠的能源供应，并能够保护和提供足够的能源，以满足任务的基本需求。”必须以不对任务产生负面影响的方式来实现能源适应性。应使用尽量减少土地、空气和水资源使用的发电源，包括燃料接收和储存的现场，将提高装置专注于关键任务活动的能力。

目前，美国国防部的设施几乎完全依赖电网，电网非常容易受到各种威胁而造成长期中断，使关键任务处于不可接受的长期破坏的高风险中。备用电源通常基于柴油发电机组，现场燃料储存有限，没有优先考虑关键负荷，持续时间和可靠性不足，不适用于新的国土国防任务。这是国防科学委员会国防部能源战略特别工作组的说法，该工作组还发现了“关键的国家安全和国土国防任务由于电网故障而延长中断的不可接受的高风险”[14]。

美国国防部（设施能源管理）提供了以确保军事设施能源适应性的政策方向。每个军事部门处理能源适应性的方式似乎都很不同，例如，陆军在能源安全方面考虑适应性，而空军在能源保证方面考虑适应性。增强适应性的努力似乎也集中在将适应性置于背景下考虑的路线上[15]。

虽然在国防部设施中提供适应性所需的详细场景和能力需求尚不清楚，而且这可能是每个设施独有的，但有一些措施似乎很重要。这些措施包括尽量减少维护并减少因故障造成的中断，能够抵御自然和人为威胁，能够快速恢复关键操作，以及安全访问燃料来源、交付和现场储存。空军设施适应性的更详细要求包含在 2017 年兰德公司发布的报告中[16]。

微型反应堆提供了确保国防部设施的能源适应性的能力。微型反应堆可以每天 24 小时运行，每周 7 天，每年 365 天，并被设计为运行数年而不需要停堆换料。微型反应堆的设计是为了防止严重的自然灾害以及人为的物理和网络安全威胁，许多反应堆的设计具有孤岛模式运行能力，包括无源启动能力。微型反应堆也被设计成能够调整功率输出的形式以满足需求的变化。

微型反应堆将能够提供热量和其他产品，如海水淡化水和制氢方法，以满足国防部安装的需求。微型反应堆还可以增强国防部对新技术的使用，如先进的计算、“大数据”分析、人工智能、自主性、机器人技术、定向能源、高超声速和生物技术。这些技术确保了美国能够战斗并赢得未来的战争[17]。

其他要求，如成本、环境影响、功率特征和场地参数（包括土地面积、水源、地震活动性、降水和风速）尚不清楚，可能因场地而异。

2.7　微型核反应堆影响了未来的空间探索

从历史上看，我们在国家核安全局的支持下登上月球并试图超越月球探索太空以来，我们对将核能资源整合为人口系统的一部分非常感兴趣，这样我们就可以在太空中旅行得更快、更远。

你可能不会将太空旅行与能源部联系起来，但自能源部（DOE）制定了核能工作章程以来，开发的核电系统已经使数十项真正令人惊叹的星际研究任务成为可能。

能源部空间和国防电力系统办公室及其前身与国家实验室和私营企业合作，开发并向美国宇航局提供了放射性同位素动力系统，用于完成从旅行者 1 号和 2 号到火星探测器的大量长期任务，图 2.31 为旅行者 1 号太空探测器的图像。

图 2.31　旅行者 1 号太空探测器（资料来源：NASA）

这些紧凑、可靠的核动力系统提供了基本的任务负荷，并为关键的航天器部件保暖以在寒冷的深空黑暗区域发挥作用，并允许我们进入那些可能不知道什么时候可能会进入的未知的领域。没有人需要把这一点告诉旅行者1号飞船，它目前是关于太阳系在哪里结束和星际空间从哪里开始的争论的中心，见图2.32。

图2.32　深空探索(资料来源:NASA)

虽然相对简单，但这些系统已经为美国太空计划历史上一些最成功和最鼓舞人心的任务提供了动力。搜索关于这些任务的时间表，并阅读相关资料，可以了解更多关于使它们成为现实的"太空电池"的信息。

2011年3月左右，火星科学实验室的探测器"好奇号"从卡纳维拉尔角发射升空，这是火星上使用过的最先进的科学装备。

它的任务是:调查火星上的盖尔陨石坑是否曾经提供过支持微生物生命发展的环境条件。

我们应该自豪地说，这项任务是由能源部发起的空间核动力系统来实现的。在核动力太空探索项目成立50周年之际，火星探测任务显示了对核能作为航天器推进系统的需求，核能为我们提供支撑更可靠、更长久生存期所需的燃料，使我们在太空中能走得更远、更深。

在好奇号上，国防部的多任务放射性同位素热电发电机(MMRTG)将为探测器提供持续动力，并为其11种科学仪器提供有效工作温度，这一点尤其重要。

在火星上，可靠的能量对于维持火星车在尘土飞扬的环境中以及在寒冷的夜晚和冬季的运行至关重要。

MMRTG是由能源部和爱达荷州、橡树岭、洛斯阿拉莫斯和桑迪亚国家实验室建造、组装和测试的，它利用^{238}Pu自然衰变产生的热量获得110 W的电力，见图2.33。

这些动力系统自1961年以来一直用于太空任务，包括阿波罗和维京人的任务、伽利略和卡西尼号飞船、旅行者号探测器。

图 2.33　MMRTG 装置(资料来源:NASA)

当我们将核反应堆动力的增强和整合视为太空探索者(例如旅行者 1 号和 2 号)的一部分时,其尺寸就成为航天器发射和执行太空探索任务的重要影响因素。微型核反应堆是一种可行的方案,NASA 的科学家和核工程师对这种技术产生了浓厚的兴趣,他们正在进一步开发该技术以使空间利用更有价值。

2.7.1　来自钚(Pu)的能源

不管你在电影和电视节目中看到了什么,但只有两种实际的方法可以为多年的太空任务提供电力:太阳的射线和由自然放射性衰变产生的热量。放射性同位素电力系统——直接将钚^{238}Pu 衰变产生的热量转化为电能——使用放射性衰变产生的热量,对于前往太阳系遥远地区的长期任务至关重要,因为在那些地区,太阳能提供的太空旅行可能是不切实际的,或者说是不可能的。

^{238}Pu 作为空间能源有几个原因,钚的半衰期为 88 年,这就意味着使其输出的热量减半需要很长时间。钚在高温下是稳定的,少量钚就可以产生大量热量,而只是发出相对较低水平的辐射,而且这种辐射很容易被屏蔽,因此执行关键任务的仪器和设备不会受到影响。这种类型的钚不同于那些用于核武器或核电站反应堆的钚。

在放射性同位素动力系统(RPS)中,钚通常被称为"空间电池",它被加工成一种陶瓷形式——类似于咖啡杯的材料。就像一个破碎的杯子一样,它会裂成大块,而不是蒸发和分散,从而防止发射失败或再入事故中对人和环境造成伤害。50 多年来,每一个发射到太空的放射性同位素动力系统都在安全地工作。

如图 2.34 所示通过铟分级保护的钚 - 238 燃料芯块,它提供了一个通用热源(GHPS)模块。GPHS 模块为放射性同位素动力系统提供稳定的热量,见图 2.35。

放射性同位素动力系统,可以提供电力和热量,使航天器能够在超出太阳能、化学电池和燃料电池能力范围的环境中执行科学任务。

图 2.34　通过铟分级保护的钚 −238 燃料芯块(资料来源:NASA)

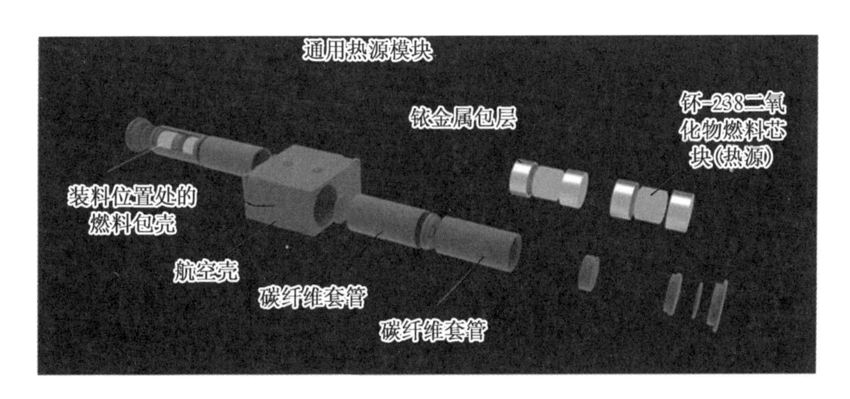

图 2.35　通用热源(GPHS)模块扩展视图(资料来源:NASA)

放射性同位素动力系统有时被称为“核电池”。虽然一些飞船,如卡西尼号,也直接通过放射性同位素动力系统支持其系统运行,但其他的像火星科学实验室探测器可以使用放射性核电池为电池充电,并通过存储在电池内的能量运行其系统和仪器。在任何一种情况下,放射性同位素动力系统都直接连接到航天器上,就像插入一根电源线一样。

这些技术能够在没有换料的恶劣条件下产生几十年的电力和热量。自 20 世纪 60 年代以来,所有这些电力系统都在美国宇航局执行了 20 多次任务,其运行时间比最初设计的要长。

为美国宇航局航天器提供动力的放射性同位素动力系统由美国能源部提供。美国宇航局和美国能源部继续合作维护和开发几种类型的放射性同位素动力系统。

通用热源模块是美国宇航局使用的放射性同位素发电机的重要组成部分。这些模块包含并保护^{238}Pu 燃料用于产热与发电。

该燃料含有$^{238}PuO_2$,并封装在铱保护外壳中,形成一个燃料包壳。燃料包壳被包裹在碳基材料的嵌套层中,并放置在一个气动外壳中,组成完整的 GPHS 模块。

每个 GPHS 是一个约 4 in × 4 in × 2 in 的立方体,重约 3.5 lb[①]。它们名义上被设计成在任务开始时产生 250 W 的热能,可以单独使用或堆叠在一起使用。

---

① 1 lb = 0.454 kg

GPHS 模块已经接受了明显超过了各种潜在事故强度的极端条件测试,这类测试包括模拟一个模块通过地球大气层的多次再入、曝露于高温火箭推进剂火灾中以及撞击固体地面。

在最新一代放射性同位素动力系统中使用的增强型 GPHS 模块系统结合了其他加强的、经过安全测试的功能,这些功能都是建立在前几代的功能之上的。例如,向石墨气壳体和类似的块状模块的两个最大表面添加了其他材料(厚度增加 20%)。这些修改对系统提供了更多的保护,可以在各种事故条件下控制燃料,进一步减少^{238}Pu 泄漏的可能性。

2.7.2 放射性同位素热电发电机中的放射性同位素动力系统类型

放射性同位素热发电机(RTG)通过使用被称为热电偶的设备,将其燃料源二氧化钚的自然放射性衰变产生的热能转化为电能,为航天器提供电力。放射性同位素热发电机没有活动部件,多任务放射性同位素热发电机(MMRTG)是最新的放射性同位素动力系统,符合飞行标准,它正在为于 2012 年 8 月登陆火星的动力实验室探测器(好奇号)提供动力。多任务放射性同位素热发电机为好奇号提供动力和热量。

正如我们之前所述,多任务放射性同位素热发电机被设计用于真空环境和火星大气环境中,见图 2.36。

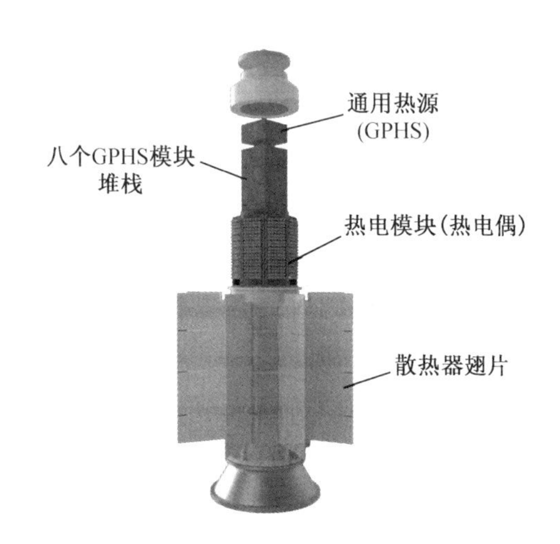

图 2.36 多任务放射性同位素热电发电机(RTG)(资料来源:NASA)

热电偶在必须监测或调节其温度的日常物品中很常见,如空调、冰箱和医用温度计。热电偶包括两个板,每个板都由不同的金属制成。将这两个板连接起来形成一个闭合的电路,同时保持两个板连接在不同的温度下产生电流,每一对连接对就形成了一个单独的热电偶。在放射性同位素热发电机中,放射性同位素燃料加热连接点之一,而另一个连接点保持未加热状态,并被空间环境或行星大气冷却。

2.7.3 放射性同位素加热器单元(RHU)

放射性同位素加热器单元使用一个小的、铅笔橡皮大小的二氧化钚球为航天器结构、系统和仪器提供热量,使它们在任务中顺利运行。有些任务只使用几个放射性同位素加热器单元来提供额外的热量,而另一些任务则使用几十个。美国宇航局还研究了在放射性同位素加热器单元中使用同样的小型燃料颗粒来为一个可以提供几十毫瓦电力的紧凑系统供电的可行性。

2.8 用于空间探索的附加核技术

1961年,美国海军的子午仪4A导航卫星成为第一艘由核能提供动力的美国航天器。子午仪4A是由能源部前身原子能委员会开发的放射性同位素热发电机(RTG)提供动力。从那时起,美国能源部又开发了八代放射性同位素动力系统,供美国宇航局、美国海军和美国空军在太空中使用。

由于没有运动部件,放射性同位素热发电机使用被称为热电偶的设备将钚-238衰变的热转化为电能。海军子午仪4A卫星上的放射性同位素热发电机可以产生2.7 W的电力。“子午仪4A号”在轨道上的最初十年中保持了最古老的广播飞船的记录,在此期间,它飞行了近20亿英里[①],绕地球转了超过5.5万次。

1969年,美国宇航局发射了使用放射性同位素热发电机动力的Nimbus-Ⅲ(图2.37),这是美国第一颗可以在昼夜同时测量气压、太阳紫外线辐射、臭氧层和海冰的天气卫星。

图2.37 Nimbus-Ⅲ图像(资料来源:NASA)

Nimbus还包括可以拍摄地球的早期卫星照片的车载红外传感器。除了放射性同位素

① 1英里≈1 609米

热发电机,Nimbus 还由 10 500 个内置太阳能电池供电。

月球上的太空电池也是美国宇航局研发工作的一部分。

阿波罗登月任务包括阿波罗月球表面(ALSEP)的实验设备——包含美国宇航员留在月球上将数据送回地球的科学仪器。第一个设备是太阳能的,但依赖于两个 15 - W 放射性同位素加热器单元(RHUs)来保持其仪器的温度才能正常工作。

随后的设备均由 70 - W SNAP - 27 放射性同位素热发电机供电。ALSEP 对我们现在所知的关于月球的大量信息作出了巨大贡献,包括太阳风和辐射的数据以及月球地质活跃的观测。这五个 ALSEP 站于 1977 年被关闭。

放射性同位素热发电机还为探索其他行星的任务提供了动力。1989 年,“伽利略”成为第一艘绕木星运行的航天器。伽利略展示了木星的一个卫星(欧罗巴)上的液态水(海洋的证据),以及另一颗卫星上的火山;苏梅克 - 利维 9 号撞击木星时,拍摄了第一张小行星的特写照片和彗星与木星碰撞的第一张照片。

伽利略轨道飞行器由两个 RTG 提供动力,其中包括 120 个 RHU,以确保其科学仪器的正常工作。

1990 年发射的尤利西斯飞船的任务是研究受太阳磁场影响的空间部分,由通用热源放射性同位素热发电机(GPHS - RTG)提供动力。它在被关闭之前运行了大约 20 年,在此期间,尤利西斯飞船飞过木星,完成了三个完整的太阳极地轨道。尤利西斯收集了关于太阳风暴、太阳风、星际尘埃粒子和宇宙辐射的未知数据。通过它还发现,从深空进入太阳系的尘埃是科学家最初预计的 30 倍。

卡西尼号正在进行一项探索土星及其卫星的国际任务,由三颗放射性同位素热发电机提供动力,由 117 个小型、战略性放置的小型 RHU 保持温度,82 个在卡西尼轨道飞行器上,35 个在惠更斯探测器上(由卡西尼号携带到土星的卫星土卫六上释放)。2005 年 1 月 14 日,惠更斯成功降落在土卫六表面,这是飞船首次在太阳系外着陆。卡西尼号还负责首次从轨道上对土星系统进行全面研究,包括在另一颗卫星土卫二上发现了活跃的冰封间歇泉。从卡西尼号任务收集的数据帮助科学家更多地了解生命进化之前地球可能是什么样子。

新视野号宇宙飞船于 2006 年发射,旨在研究冥王星和探索柯伊伯带中其他鲜为人知的、冰冷的区域。在 2015 年 7 月完成对冥王星的飞越之前,新视野号经过木星,拍摄了其两极的光环和闪电的照片,返回了有史以来关于这颗矮行星及其卫星的最高分辨率的图像。随后,它于 2019 年 1 月 1 日到达柯伊伯带天体“最终点”,在距离我们 40 亿英里的地方完成了探索史上最远的行星飞越。飞船由类似于尤利西斯上使用的通用热源放射性同位素热发电机提供动力。

多年来,美国宇航局和美国能源部一直在探索其他类型的核能技术,包括太空核反应堆和核推进技术。对这些和其他相关技术的持续研究和开发可能有一天会使太空任务能够在货物任务中提供更多的有效载荷,在载人任务中实现更短的旅行时间,甚至为火星或月球表面的机组人员站提供动力。

2.9 到达的星际空间

先驱者10号和先驱者11号，于20世纪70年代初发射（图2.38），是随后的旅行者任务的前身。飞船的设计目的是能走得很远——由4个放射性同位素热发电机提供动力，由12个放射性同位素加热器单元保持温暖，并承受来自太阳系更远行星的强烈辐射。

先驱者10号的电力系统设计至少运行5年，但在通信停止之前运行了30多年。在此期间，它是第一个飞过火星、访问（并拍摄）木星、穿过小行星带并传输行星际粒子数据的航天器。

图2.38 对先驱者宇宙飞船的艺术印象（资料来源：NASA）

先驱者11号近距离拍摄了土星的第一张照片，并发现了两颗新卫星和一个光环，还发现土星发出的热量是太阳的两倍多。这次任务持续了22年；现在，先驱者10号和11号正走向太阳系的边缘，上面挂着的铭牌写着它们可能遇到的智能生物的信息。

旅行者1号和2号建立在20世纪70年代末先驱者的基础上。总之，这两个任务的执行过程中已经产生了美国太空探索史上一些最重要的发现。每个航天器使用9个放射性同位素加热单元来保温，并从3个数百瓦的放射性同位素热电发电机获取电力，即MHW－RTG——这是两个任务特有的电力系统。这些电力系统在启用35年后，至今仍在运行。随着旅行者号宇宙飞船慢慢失去动力，返回地球的任务控制器可能会一个接一个地关闭，以尽可能长时间地节省能源。

旅行者1号飞越了木星和土星，最近又进入了星际空间。在此过程中，它在40亿英里外拍摄了一个淡蓝色的地球。旅行者2号是唯一一颗近距离研究木星、土星、天王星和海王星这四颗巨行星的宇宙飞船。它以前发现过海王星和天王星周围的未知卫星，并在海王星的其中一颗卫星上发现过液氮间歇泉，并传送了数百张从未见过的图像（图2.39）。

图2.39的旅行者2号图像显示了海卫一的南极地区，在冰冷的表面上可见间歇泉产生的深色条纹。

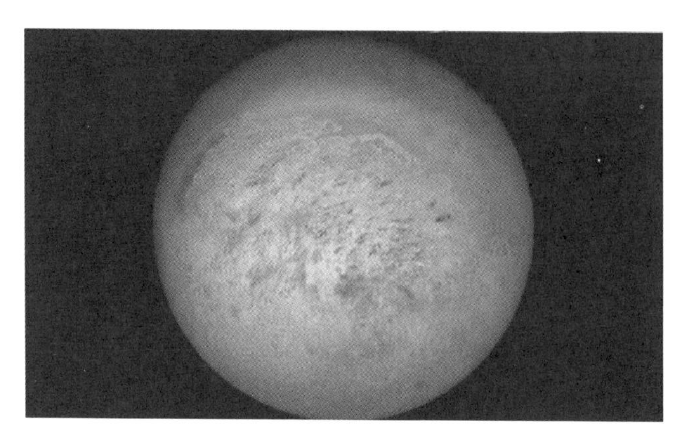

图 2.39　海王星的卫星海卫一孕育了罕见的冰冻表面(旅行者 2 号图片)(来源:NASA/JPL)

天文学家利用双子座天文台探索了海王星最大的卫星轨道,并首次在实验室之外观察到了一氧化碳和氮冰之间的神奇结合。这一发现为我们深入了解这种挥发性混合物如何通过间歇泉在卫星表面输运物质,触发季节性的大气变化,并为其他遥远的冰封世界的环境提供支撑的见解。

2.10　火星任务

1975 年分别发射的维京 1 号和 2 号是美国宇航局第一次为直接从这颗红色行星表面获取数据做出的努力。每个任务都包含有两个部分:一个轨道器和一个着陆器。两次维京任务都发回了红色行星表面的照片并帮助地球上的科学家了解那里的元素(碳、氮、氢、氧和磷——这些都对地球上的生命至关重要)。维京 1 号和 2 号上的两个 42.6W RTG 设计寿命为至少 90 天,但实际上分别运行了 6 年和 4 年。

有趣的是,维京 1 号并不是第一个登陆火星的飞船——尽管它是第一艘登陆成功的飞船。1971 年,苏联的一艘飞船登陆火星表面,但只维持了几秒钟就失去了联系。维京 1 号和 2 号将超过 5.5 万张火星图像被传送回地球——包括维京 2 号自己拍摄的在火星上的第一张太空“自拍”。这张照片是美国太空计划历史上最著名的照片之一(图 2.40)。

图 2.40　对维京轨道飞行器宇宙飞船的艺术性描绘(资料来源:NASA)

1996 年,美国宇航局对火星的探索更进一步,发射了微波炉大小的火星探路者探测器。该任务设计为持续 7 天,实际持续时间延长了 12 倍——证明了向这颗行星发送科学任务的经济有效方法。探路者使用太阳能电池板进行电力供应,并依靠三个放射性同位素加热器单元为其科学仪器保温。

2003 年,美国宇航局分别发射了"勇气号"和"机遇号",目标是在火星上寻找水、气候变化的证据以及该星球曾经支持生命的其他线索。两辆漫游车都使用太阳能电池板提供动力,利用放射性同位素加热器单元来支持船上的科学仪器。"勇气号"对这颗红色行星探索了 6 年,找到了强有力的证据,表明火星曾经比现在潮湿得多,但后来它被困在沙子里,没能走得更远。"机遇号"一直在运行,研究岩层,并返回很多令人惊叹的火星景观照片。

最近发射的核动力太空任务是 2011 年的"好奇号",它从太空发推文。在热能和电力方面,好奇号都依赖于一个单一的多任务放射性同位素热电发电机,该发电机由能源部和爱达荷州、橡树岭、洛斯阿拉莫斯和桑迪亚国家实验室联合建造、组装和测试。这款 SUV 大小的漫游车包含了多种科学仪器,并被送到火星上研究岩层和气候,以确定那里是否存在有利的生命条件,并为未来的人类探索铺平道路。"好奇号"比之前的红色行星要强大得多,预计至少会持续运行 2 年,在从未探索过的范围内钻探和分析岩石样本。

美国宇航局计划在 2020 年将一辆类似的漫游车送回火星。漫游车基于好奇号的设计,但这次将携带一个钻头,用于从火星岩石和土壤中钻取岩石样本。该任务预计将于 2020 年 7 月发射,并于 2021 年 2 月登陆火星。RTG 目前正在由爱达荷州、橡树岭、洛斯阿拉莫斯和桑迪亚国家实验室建造、组装和测试。

2.11 美国宇航局 Kilopower 反应堆驱动的未来太空探索

Kilopower 项目是一项短期的技术攻关项目，旨在开发初步可负担得起的裂变核动力系统的概念和技术，使其能够长期停留在行星表面。在 2018 年 3 月使用斯特林技术的 Kilopower 反应堆（KRUSTY）成功完成实验后，基洛沃尔项目团队即开发任务概念并进行附加的风险降低活动，为未来可能的飞行演示做准备。这样的演示可能为未来的 Kilopower 系统铺平道路。该系统为月球和火星上的人类前哨提供动力，使在恶劣环境下的任务成为可能，并利用现场资源生产推进剂和其他材料。

Kilopower 项目是美国宇航局航天技术任务局的颠覆性技术发展计划（GCD）的一部分，该项目由美国宇航局的兰利研究中心管理。飞行机会计划资助了抛物线和亚轨道飞行，通过使用商业可重复使用的亚轨道运载火箭，将其曝露在与空间相关的环境中，使 Kilopower 技术的钛水热管技术更加成熟。该项目仍将是 GCD 项目的一部分，其目标是在 2020 财年过渡到技术示范任务项目。

Kilopower 项目团队由美国宇航局的格伦研究中心领导，并与马歇尔航天飞行中心、能源部（DOE）国家核安全管理局（NNSA）、NNSA 的洛斯阿拉莫斯国家实验室、Y－12 国家安全中心和内华达州国家安全基地（NNSS）合作。测试于 2017 年 11 月至 2018 年 3 月在 NNSS 设备组装设施的国家临界实验研究中心进行。

NASA 太空探索的总体前景如图 2.41 所示。

NASA 1～3 kWe 多任务 Kilopower 反应堆如图 2.42 所示。

从图 2.42 中可以看出，美国宇航局的 Kilopower 反应堆使用先进的钠热管技术作为反应堆冷却剂[2-3]。

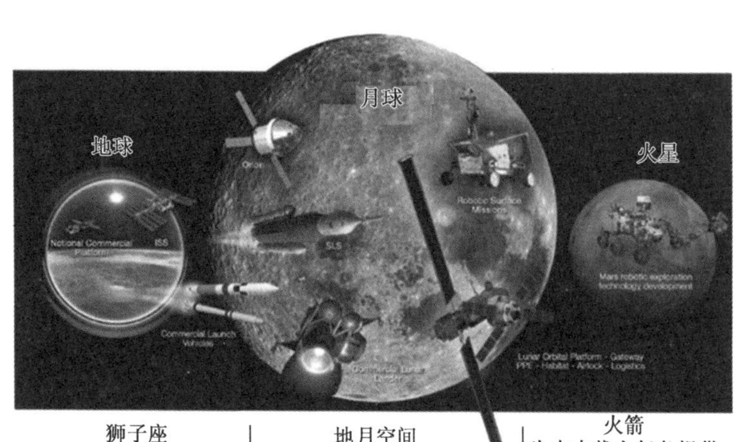

图 2.41 美国宇航局未来的太空探索（资料来源：NASA）

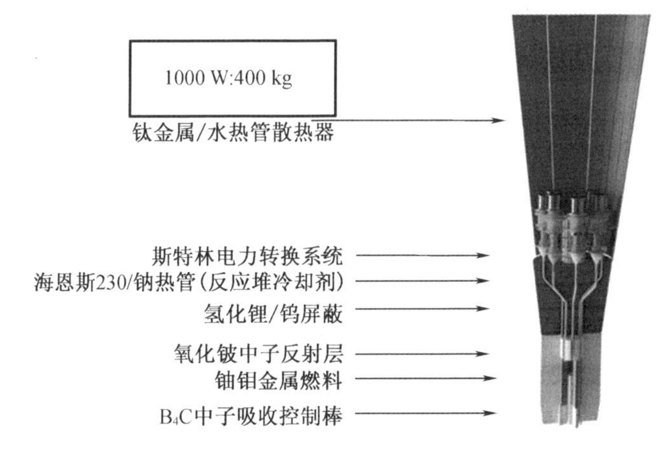

图2.42 NASA Kilopower反应堆(来源:美国宇航局)

在2015年,启动了几项材料测试,以了解根据过去的研究数据认为不确定的某些材料性质。其中一些测试包括燃料的蠕变特性、燃料的热膨胀系数,以及燃料和钠热管之间的扩散特性。

美国宇航局Kilopower裂变反应堆的研究朝着飞行发展方面取得了重大进展,在其技术演示试验中完成了几次成功的测试。Kilopower反应堆的设计是为航天器或着陆器提供1～10 kW的电力,可用于额外的科学仪器、电力推进系统,或支持人类在另一个星球上的探索。由于缺乏放射性同位素燃料和缺乏适合飞行的裂变系统,高耗能的核任务被排除在美国宇航局的任务计划之外。美国宇航局与美国能源部国家核安全管理局合作,利用现有设施和基础设施开发Kilopower反应堆,并确定反应堆设计是否适合飞行。这个为期3年的Kilopower项目始于2015年,其中一个具有挑战性的目标是在2017年底前建造和测试一个全面的飞行原型核反应堆。

最初,电力系统将使用电加热和贫铀堆芯进行几次非核试验,以在开展核试验之前验证完整的非核系统设计。在成功完成贫铀测试后,该系统将被运往内华达州国家安全基地,在那里将用高浓缩铀堆芯为该系统提供燃料,并使用核热源重新进行测试。在该项目完成后,美国宇航局将拥有大量的航空原型裂变动力系统的实验数据,这大大降低了与进一步飞行发展相关的技术和项目风险。为了补充硬件丰富的开发进展,我们回顾了几项更高功率的任务研究,以强调拥有一个合格的航空裂变反应堆的影响。这些研究涵盖了几个提供核能推进的科学任务,反应堆为航天器的推进系统和科学仪器提供动力,使一类新的外行星任务成为可能;还回顾了火星表面的太阳能和核能,以比较每个系统在支持上升运载工具推进剂生产和人类探险方面的优势。

这些任务研究提供了对裂变动力具有优势的见解,但仍缺乏具有更广泛影响力的受众。例如,任务理事会在其征集计划中不会包括裂变动力系统,直到其获得飞行资格,科学家也不会提出需要比目前已证明和可用的动力更多的新任务。Kilopower项目一直在尝试打破先有鸡还是先有蛋的因果困境,目标是将技术提升到鼓励飞行开发计划的水平,并允许科学家为更高功率的任务提出新想法。

2.11.1 美国宇航局 Kilopower,接下来是什么?

当宇航员有一天冒险前往月球、火星和其他目的地时,他们需要的第一个也是最重要的资源就是电力。一个可靠和高效的电力系统对于日常生活,如照明、水、氧气及任务目标,如开展实验和生产漫长归途所需燃料,将是至关重要的。

这就是美国宇航局对 Kilopower 进行实验的原因,这是一种新的电源,可以为未来的机器人和人类太空探索任务提供安全、高效和丰富的能源 。

这种开创性的空间裂变动力系统可以提供高达 10 kW 的电力——足以运行几个普通家庭——持续至少 10 年。4 个 Kilopower 单元即可提供组建一个前哨站所需的能量。

原型动力系统是由美国宇航局的格伦研究中心、美国宇航局的马歇尔太空飞行中心和洛斯阿拉莫斯国家实验室合作设计和开发的,而反应堆堆芯是由美国国防部 Y12 国家安全中心提供的。美国宇航局的格伦研究中心在 9 月底[①]将原型电力系统从克利夫兰运送到内华达州国家安全基地(NNSS)。如图 2.43 为 Kilopower 反应堆。

图 2.43 Kilopower 反应堆(资料来源:NASA)

NNSS 的团队最近开始对反应堆堆芯进行测试。据美国宇航局格伦研究中心的 Kilopower 首席工程师马克·吉布森说,该团队将连接电力系统和堆芯,并开始进行端到端检查。吉布森说,实验应该在 3 月底[②]进行,持续大约 28 小时的全功率测试后结束。

Kilopower 的优点如下:

裂变能可以为我们希望人类或机器人去的任何地方提供丰富的能量。

在火星上,太阳的能量在整个季节变化很大,周期性的沙尘暴可能会持续数月。在月球上,寒冷的月夜会持续 14 天。

“我们想要一个能够应对极端环境的能源”,美国宇航局主要的电力和能源存储技术专家李·梅森说。Kilopower 可以探索火星的整个表面,包括可能存在水的北纬地区。在月球上,

①②原著未写明年份。——译者注

Kilopower 可以用来帮助在处于永久阴影区的陨石坑中寻找资源。

在这些具有挑战性的环境中，太阳能发电困难，燃料供应有限。Kilopower 质量小、可靠、高效，这使得它非常适合这项工作。

2.12　加拿大驱动模块化微型核反应堆

正如我们在本书第 1 章中所述，加拿大也推动其能源需求转向小型模块化和微型核能，他们的预许可已通过审查并在 2025 年之前完成其称为 U 型电池的 4 MW 反应堆演示，从而推动其微型反应堆的发展。4 MW 模块化微型反应堆基础设施布局如图 2.44 所示。

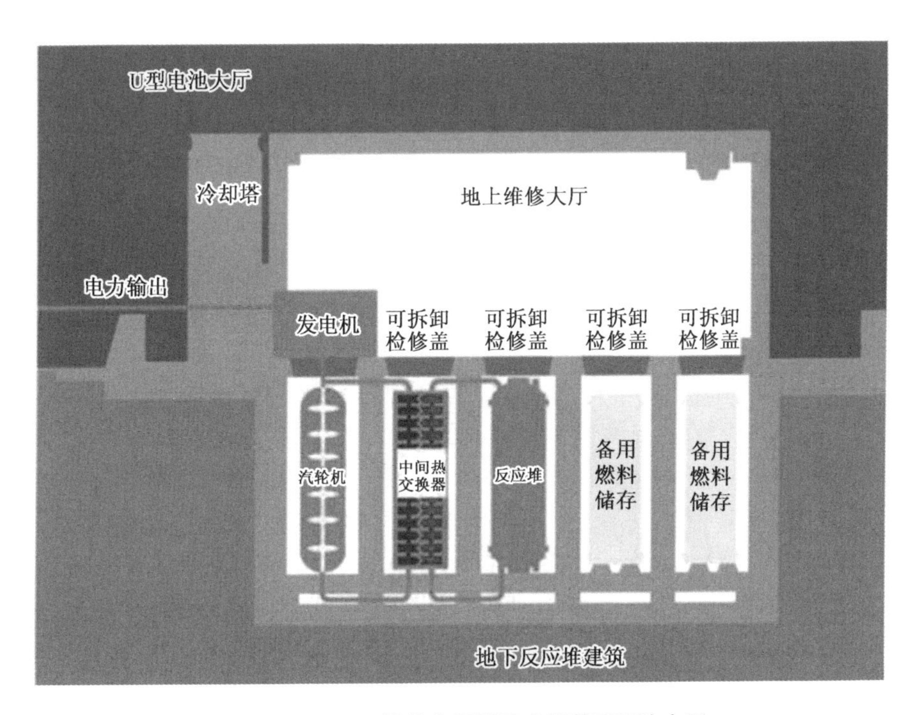

图 2.44　4 MW 模块化微型反应堆基础设施布局

根据世界核新闻（WNN）于 2017 年 3 月 3 日的报道[18]，加拿大将于 2017 年 3 月启动 U 型电池预许可程序。

由 Urenco 领导的 U 型电池联盟已经向加拿大核安全委员会（CNSC）注册了其微型模块化反应堆技术，用于预许可供应商的设计审查。

U 型电池是一种“微型”核反应堆，它能够为一系列的能源需求生产电力和热量，主要针对工业电力装置和离网区域的市场。由 TRISO 燃料提供动力，每个氦气冷却装置产生 10 MW 热量，可提供高达 4 MW 的电力，并可提供 750 ℃的工艺温度。TRISO 燃料由具有三层碳涂层的铀燃料球形颗粒组成，可有效地使每个微小颗粒具有独立的主安全壳系统。如图 2.45 所示为微型反应堆模块化示意图。

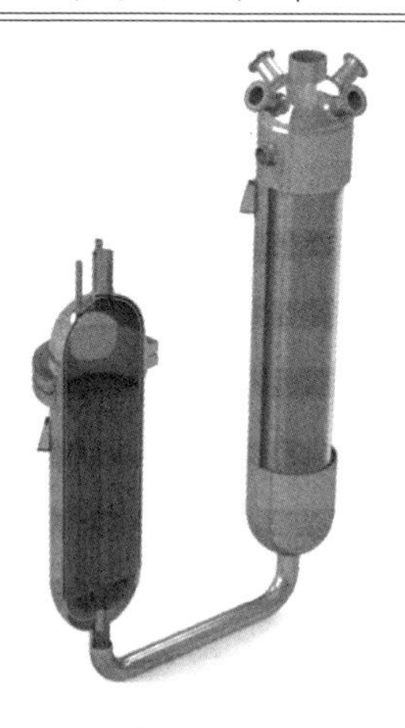

图 2.45 微型反应堆模块化示意图

U－Battery 的概念设计是在 Urenco 于 2008 年启动该项目后，由曼彻斯特大学、道尔顿学院（英国）和代尔夫特理工大学（荷兰）共同开发的。它由 Amec Foster Wheeler、Cammell－Laird、Laing O'Rourke 和 Urenco 组成的财团支持。

该财团的目标是在 2025 年建立一个示范反应堆，并预计到第四个机组，U 型电池的建设成本将在 4 000 万英镑至 7 000 万英镑之间（4 900 万美元至 8 600 万美元）。

U 型电池的特点如下，其 TRISO 燃料结构如图 2.46 所示。

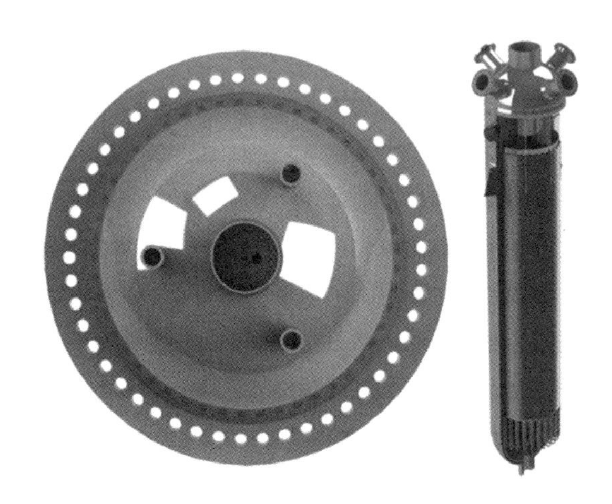

图 2.46 TRISO 燃料结构

（1）双机组——每个机组输出 4 MW 的电力，10 MW 的热量。

（2）气体冷却——一回路氦气循环，二回路氮气循环（无水）。

（3）TRISO 燃料——高完整性。结合低绝对功率和无水运行，不需要多个备用安全系统。

（4）可用作热源和电源——710 ℃工艺热量。

如图 2.47 所示，TRISO 燃料是由三层各向同性包覆颗粒燃料。最内层为碳涂层，中间层为碳化硅涂层，最外层为碳涂层。

TRISO 燃料的结构和形状意味着它在极端条件下可以保持完整性。研究表明，即使在温度高达 1 800 ℃(比假设的事故条件热 200 ℃)的情况下,大多数裂变产物仍留在 TRISO 燃料颗粒中,这显著提高了安全性。

TRISO 燃料基于成熟的技术。它最初是在 20 世纪 80 年代开发的,目前正在美国制造, TRISO 燃料见图 2.47。

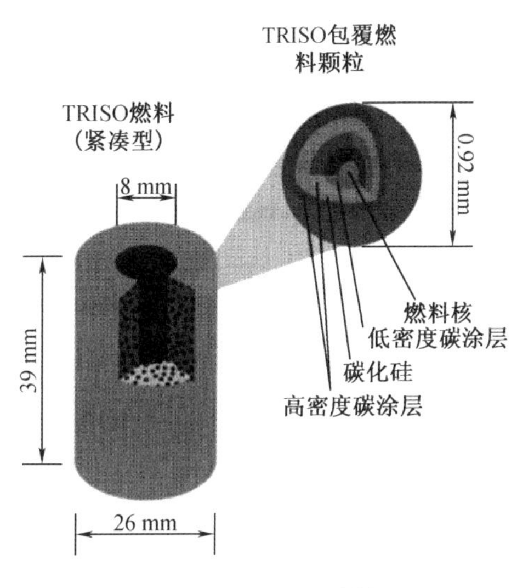

图 2.47　TRISO 燃料

该微型反应堆从概念到生产的实施计划如图 2.48 所示。

瑟雷福尔在英国核工业协会举行的小型模块化反应堆会议上表示,加拿大的 U 型电池市场可能“非常非常大”,有 300 多个地点,每个地点都可以使用 1 ~ 6 个电池。

瑟雷福尔表示,该财团将考虑何时能“获得”英国的许可。TRISO 燃料已经过验证,并由 BWXT 在美国制造,但瑟雷福尔表示,该反应堆的大部分组件都可以从英国供应。

CNSC 的预许可供应商审查过程是一项可选服务,可提供基于供应商的反应堆技术的核电站设计评估。三阶段审查不是新核电站许可过程的必要部分,但其目的是验证关于加拿大核监管要求和预期的设计的可接受性。去年,加拿大监管机构同意对 LeadCold Reactor Inc 的 SEALER 设计概念和 Terrestrial Energy 的整体熔盐反应堆设计概念进行第一阶段供应商设计审查。此外,加拿大反应堆设计师 StarCore 核能公司于 11 月申请开始其 20 MWe 高温气体反应堆的供应商设计审查流程,该反应堆与 U - Battery 一样使用 TRISO 燃料。

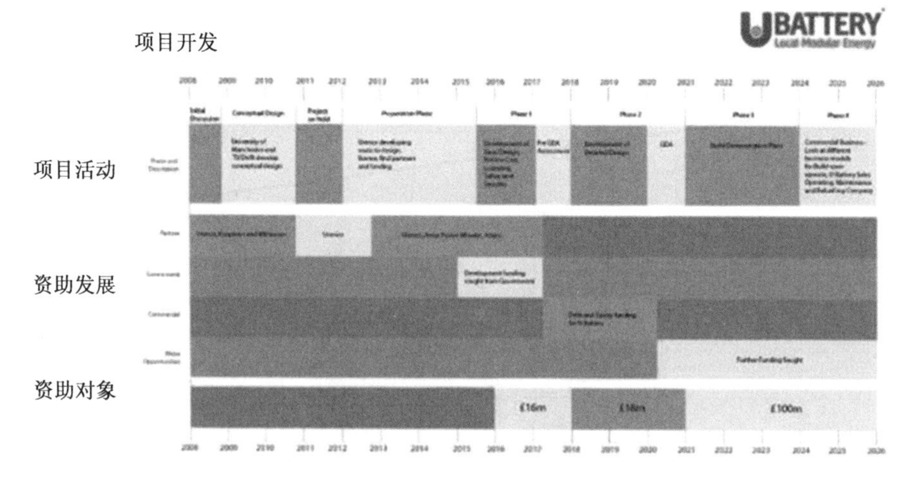

图 2.48　加拿大微型反应堆项目实施计划

参 考 文 献

[1] https://www. world - nuclear. org/information - library/nuclear - fuel - cycle/nuclear - power - reac - tors/small - nuclear - power - reactors. aspx

[2] B. Zohuri, Heat Pipe Application in Fission Driven Nuclear Power Plants, 1st edn. (Springer Publishing Company, Cham, 2019)

[3] B. Zohuri, Heat Pipe Design and Technology: Modern Applications for Practical Thermal Management, 2nd edn. (Springer Publishing Company, Cham, 2016)

[4] https://www. powermag. com/big - gains - for - tiny - nuclear - reactors/

[5] B. Zohuri, P. McDaniel, Advanced Smaller Modular Reactors: An Innovative Approach to Nuclear Power, 1st edn. (Springer, Cham, 2019). https://www. springer. com/us/book/9783030236816

[6] B. Zohuri, P. McDaniel, Combined Cycle Driven Efficiency for Next Generation Nuclear Power Plants: An Innovative Design Approach, 2nd edn. (Springer, Cham, 2018). https://www. springer. com/gp/book/9783319705507

[7] B. Zohuri, P. McDaniel, C. R. De Oliveria, Advanced nuclear open air - Brayton cycles for highly efficient power conversion. Nucl. Technol. 192(1), 48 - 60 (2015). https://doi. org/10. 13182/NT14 - 42

[8] B. Zohuri, Combined Cycle Driven Efficiency for Next Generation Nuclear Power Plants: An Innovative Design Approach (2016)

[9] C. Y u, Small Nuclear Reactors, Physics 241, Stanford University, Winter 2011

[10] Small Modular Reactors: A Window on Nuclear Energy, Andlinger Center, Princeton University, June 2015

[11] S. Harber, Small Nuclear Reactors: Background, Potential Applications, and Challenges, 19 Feb 2017. http://large. stanford. edu/courses/2017/ph241/harber1/

[12] K. Stacey, Small Modular Reactors Are Nuclear Energy's Future, Financial Times, 25 July 2016

[13] https://www. nei. org/resources/reports – briefs/road – map – micro – reactors – defense – department

[14] https://www. acq. osd. mil/dsb/reports/2000s/ADA477619. pdf

[15] DoD Annual Energy Management and Resilience Report FY2016

[16] https://www. rand. org/content/dam/rand/pubs/research _ reports/RR2000/RR2066/RAND_RR2066. pdf

[17] DoD Summary of the National Defense Strategy of the United States of America

[18] http://www. world – nuclear – news. org/RS – U – Battery – begins – Canadian – pre – licensing – process – 0303177. html

第3章 微型核反应堆的研究、开发和部署

3.1 前 言

美国能源部（DOE）开设了国家反应堆创新中心（NRIC），以支持先进核能技术的发展。

根据核能创新能力法案（NEICA），该创新中心位于美国爱达荷福尔斯的爱达荷国家实验室（INL）。

该法案于2018年完成签署，旨在通过消除资金和技术障碍来加速美国先进反应堆的发展。

美国能源部长表示："国家反应堆创新中心将支持先进反应堆的示范和部署，将决定核能的未来。"

他还表示："通过将行业与我们的国家实验室和大学合作伙伴联合起来，可以提高美国的能源独立性，并将美国定位为先进核创新的全球领导者。"

来自私营企业的技术开发人员将获得国家反应堆创新中心的支持，以测试、演示和评估其反应堆概念的性能。

美国反应堆创新中心还将帮助技术开发商加快其新核能系统的许可和商业化。根据爱达荷州参议员迈克·克拉波的说法，"这是公共－私营部门的最终合作关系，将采取下一步在全国范围内发展清洁核能。""私人开发商将与国防部和美国宇航局合作展示新核技术在原理上是可行的。我期待着看到微型反应堆和小型模块化反应堆。最好的情况还没有到来！"

美国反应堆创新中心的目标是在未来5年内演示小型模块化反应堆和微型反应堆的概念。

在2020财年的预算中，众议院能源和水资源发展委员会为美国反应堆创新中心拨款500万美元[1]。

"如果你把自己置于一个投资者拥有的公用事业公司的位置，公司正在寻找一个千瓦时成本为700～800美元的核项目。联合循环天然气，可以在18个月内建造安装，而核项目可能需要10年或更长时间，花费100亿或更多……核电项目是非常难卖的。"美国前能源部副部长、现任核开发中心总裁兼首席执行官丹尼尔·波内曼在华盛顿特区的2019年新核资本会议上对Utility Dive说。

世界各地的公用事业公司的投资者和所有者，特别是在美国，目前正在研究一个联合

循环天然气发电厂，在建造的18年内可以以每千瓦时700～800美元的价格发电，而传统的第三代核电站项目可能需要10年或更长时间才能建造完成，成本接近100亿美元或更多，图3.1所示为一个传统的核电站。

图3.1　一个传统的核电站

正如我们在本章的开头所说，美国通常所用的大型反应堆不符合小型化、分散式电力的增长趋势需求，当全球对发电的需求作为人口增长的函数呈指数增长时，电力增长率约为每年17%。

随着创新的联合循环方法，新一代小型先进核反应堆的热力学和热效率输出的提高，这类电厂的拥有成本更低[2-7]。

通过这种创新方法，先进的小型模块化和微型反应堆（即GEN－IV和微型反应堆）将更符合上述模式，但考虑到近期日本福岛第一核电站（2011）的灾难和事故，其尚未进入市场并改变目前存在的不利公众舆论。

毫无疑问，大家都认为全球每年的电力需求在不断上升，而且在经济上使用风能和太阳能等可再生能源不会大幅度削减，因此在这种的情况下仍然需要核能。

因此，利益相关者说，关键问题是如何刺激初始投资并建立一个国内商业市场，而更高的目标是让美国成为核能出口的领导者。

影响公众舆论的关键问题是我们将在第3.2节讨论的这些新一代反应堆的安全运行保证。

最近，美国能源部继续研究微型反应堆技术，以满足国防部（DOD）对其全球旅机动部署的需求不断上升。NuScale、Holtic和日立/通用电气等行业的先进小型模块化反应堆和西屋电气的eVinci先进热管微型核反应堆在过去十年中有着强劲势头[8-9]。见本书的第二章。

- 美国能源部的研究将列出微型反应堆可能的军事设施；
- 研究将包括微型反应堆试验项目的时间表和成本预算；
- 该法案还允许美国能源部部长授权许多出口管控策略。

国会通过的《国防授权法案》包括指示能源部长制定一份关于在国家安全设施部署微

型反应堆的试点计划的报告。

美国能源部的报告指出，微型反应堆在帮助加强和确保国防部能源部和能源部设施发电方面发挥重要作用。

核能研究所总裁兼首席执行官玛丽亚·科斯尼克说："随着人们对清洁能源的持续重视，全球各国都在寻求核能，以获取其生产的无碳可靠电力。""这项法案有助于确保美国公司与我们的外国竞争对手保持谈判，以便我们能够继续提供我们的技术，并以此为未来几年制定国际防扩散和安全标准。"

该法案将微型反应堆定义为"容量不大于 50 MW"的反应堆。这些先进的反应堆技术尚未向核管理委员会提交许可证申请，并可能在 21 世纪 20 年代中期进行部署。

该法案指示能源部制定一份报告，报告内容包括：

(1)在包含关键国家安全基础设施的国防部或能源部设施上确定选址、建造和运行微型反应堆的潜在位置。

(2)评估不同的核技术，为关键的国家安全基础设施提供能源适应性。

(3)调查潜在的商业利益相关者，根据试点计划签订合同，建造和运行一个有执照的微型反应堆。

(4)估算试点项目的成本。

(5)提供试点项目里程碑的进程。

该法案规定能源部从法案颁布起一年时间内向国会提交报告。

该法案还允许美国能源部部长授权出口管控策略。

美国国会通过的《国防授权法案》还包括一项重要条款：允许能源部部长将商业核出口控制的决策委托给大多数国家，但特殊核材料的浓缩和加工除外。

要求部长批准《国防授权法案》第 810 部分的具体授权，这给本已缓慢的过程增加了大量的时间。该领域专家最近的一封信指出[10]："根据 810 部分允许授权行动将使能源部长将他或她的时间集中在更高的优先级问题，更好地利用纳税人资源，并将在不牺牲国家安全利益的情况下，减轻美国工业的监管负担。"

根据核创新联盟 2017 年 12 月份的一份报告[11]，美国能源部批准《国防授权法案》第 810 部分的申请通常平均需要一年多的时间。相比之下，其他主要的核供应国需要 5 周至 3 个月即可获得同等的出口许可。

根据美国国家能源信息局的报告，美国能源信息署预计，到 2050 年，世界各地的国家将增加近 200 GW 的新核能产能。这些建设项目需要将新的核材料、服务和设备流入一些目前没有重大核能项目的国家。核能使用的增长为核反应堆公司提供了主要的商业机会，并对全球防扩散制度产生了影响。表 3.1 所示为按区域预测的新增核能容量，部署将在非经济合作与发展组织（经合组织）成员国的国家进行。

表 3.1　按区域预测的新增核能容量(kMW)(来源:环评)

地区	2015	2030	2050	2015—2050 年的变更
经合组织国家	256	259	200	-56
非经合组织欧洲和欧亚大陆	42	57	56	+14
非经合组织亚洲	39	124	231	+192
非经合组织美洲	4	6	5	+1
非洲	2	4	6	+4
中东	1	12	17	+16
合计	343	462	516	+173

然而,在第一批反应堆建造之前,供应商国家通常会与潜在客户国家共享其反应堆设计的专有信息。

这些交易可能是供应国政府必须考虑与首次核能客户国进行更广泛核能合作的商业和防扩散影响的第一次技术转让。即使在核贸易已持续数十年的国家之间,诸如此类的新交易也可能带来独特而复杂的挑战。

按国家划分的具体授权情况如图 3.2 所示。2000—2015 年的时间段用于对特定授权应用程序的目标进行更有代表性的描述。

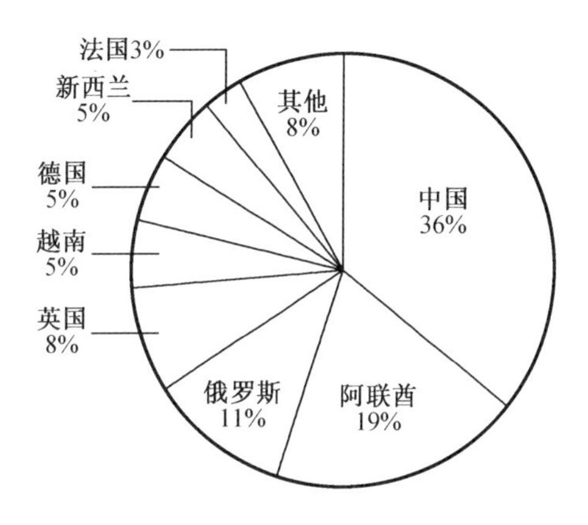

图 3.2　2000—2015 年按国家划分的具体授权情况(资料来源:美国能源部阅览室)[11]

虽然已经发生了一些变化。例如,阿联酋在 2015 年成为一个普遍授权的目的地,因此那里的活动将不再需要美国政府的许可(除非它们涉及《国防授权法案》810 部分中提到的活动)。表 3.2 所示,申请处理时间因目的地国家而有很大不同。这在一定程度上反映了目的地国在提供所要求的保证时的响应时间,但也可能是由美国对具体特定国家的考虑。

表 3.2　2007—2015 年对俄罗斯、中国和阿联酋的具体授权（美国能源部/NNSA 响应清洁空气工作组的《信息自由法》要求提供的数据）

国家	批准的数量	平均处理时间（日）
俄罗斯帝国	6	505
中国	18	487
阿联酋	12	193

在美国,这种商业和国家安全的交叉点是在美国能源部《国防授权法案》第 810 部分的规定下进行的,该规定控制着非机密核能技术的流动和对外国原子能活动的援助。

这些法规及其实施情况是核创新联盟报告的主题[11]。

3.2　安全、安保和成本问题

在 1979 年三哩岛和 1986 年切尔诺贝利发生重大事故,以及 2011 年 3 月日本福岛核电站被毁之后,核能行业遭受重大打击,一些国家叫停了他们的核项目。对气候变化和空气污染的担忧,以及对电力日益增长的需求,导致许多政府重新考虑他们对核能的反感问题。核能排放的二氧化碳很少,而且已经建立了令人印象深刻的安全和可靠性记录。一些国家取消了逐步淘汰核能的计划,一些国家延长了现有反应堆的使用寿命,许多国家制定了建造新反应堆的计划。

尽管在核能方面有很多问题,我们仍然面临这样一个事实,为什么我们仍然需要核能作为清洁能源,特别是在关于可再生能源相关的讨论时[12]。

如今,全球大约有 60 座核电站正在建设中,这将增加约 6 万兆瓦的发电量,相当于目前世界核电能力的六分之一;然而,在 2011 年 3 月日本福岛核电站事件之后,这一趋势已经消失了。

核能提供清洁可靠电力的记录与其他能源相当。低廉的天然气价格(来自新获得的页岩气)使高效燃气发电厂可以通过取代旧的、效率低下的燃煤电厂来相对较快地减少二氧化碳和其他污染物排放的前景变得更加光明,但天然气的历史价格波动性使公用事业公司对把所有鸡蛋都放在这个篮子里持谨慎态度。此外,从长远来看,燃烧天然气仍然会释放过多的二氧化碳。风能和太阳能正变得越来越普遍,但它们的间歇性和可变供应使它们在缺乏经济的电力储存方式的情况下不适合被大规模使用。与此同时,由于环境问题和潜在厂址数量较少,水电在美国的扩张前景非常有限[13]。

作为任何核电站安全的一部分以及核能设计和运行的一部分,人们应该考虑的是反应堆的稳定性。了解核反应堆的时变行为及其控制方法对核电站的运行和安全至关重要。本章为核工程领域的研究人员和工程师提供了核反应堆动力学和控制的基本理论和实际工厂的最新实践以及将这两者结合起来的通用且全面的信息。从安全可靠运行的角度来看,工程设备的动态和稳定性影响着工程设备的运行。在本章中,我们将讨论当今反应堆发电厂设计实践中的现有知识及其稳定性,以及设计人员可用的技术。各种不稳定的行为会破坏动力装置,包括机械振动、出现故障的控制装置、不稳定的流体流动、液体的不稳定沸腾或其组合。安全管理系统的弱点是造成大多数事故的根本原因[14]。

传统核电站所涉及的安全和资本成本挑战可能相当大,但处于开发阶段的新反应堆有望解决这些问题。这些反应堆被称为小型模块化反应堆,发电量在 10～300 MW 之间,而不是典型反应堆的 1 000 MW。整个反应堆,或者至少反应堆的大部分,可以在工厂建造,然后运到一个组装地点,几个反应堆可以安装在一起组成一个更大的核电站。小型模块化反应堆也有极具吸引力的安全功能。它们的设计通常包含了自然冷却系统,自然冷却系统可以在没有外部动力的情况下继续发挥作用,使反应堆和乏燃料存储池更加安全。

由于小型模块化反应堆比传统的核电站要小,单个项目的建设成本更容易管理,因此融资条件可能更有利。而且由于它们是在工厂组装的,现场施工时间较短。公共事业公司可以逐步增加其核能容量,根据需要增加其他反应堆,这意味着可以更快地从电力销售中获得收入。这不仅有助于工厂业主,也有助于客户,因为他们总是被要求支付更高的房租,为将来的电厂提供资金[13]。

美国联邦预算面临巨大压力,很难想象纳税人资助示范新核技术。但是,如果美国停止创造新的清洁能源选择——无论是中小型能源、可再生能源、先进电池,还是碳捕获和封存——美国人将在 10 年后感到后悔。满足美国能源和环境需求的经济可行选择将会降低,而且美国在全球技术市场上的竞争力也将会降低。

小型模块化反应堆不太可能解决核能所面临的经济和安全问题。根据美国能源部和一些核行业成员的说法,核能领域的下一个大事将是一件“小”事——“小型模块化反应堆”。

小型模块化反应堆——“小”是因为他们最多产生约当前典型反应堆 30% 的电力;“模块化”是因为他们可以在工厂组装并运往发电厂址,最近得到了很多积极的关注。在需求减少以及来自天然气和其他能源替代品的竞争日益激烈的时代,核电行业一直在努力保持经济可行性。

小型模块化反应堆被吹捧为比旧的、大型核反应堆设计更安全、更具成本效益。支持者甚至表示,小型模块化反应堆是如此安全,以至于目前的一些 NRC 法规可以为他们放松许可限制,他们认为小型模块化反应堆需要更少的操作人员和安全人员,不必使用坚固的防护结构以及不那么复杂的疏散计划。这些说法是合理的吗?

3.2.1　小型模块化和微型反应堆更安全吗?

小型模块化反应堆的一个主要卖点是,它们应该比目前的反应堆设计更安全。然而,它们的安全优势并不像一些支持者所建议的那么简单,原因如下:

(1)小型模块化反应堆和微型反应堆使用非能动冷却系统,不依赖于电力的可用性。在许多情况下,这是一个真正的优势,但并非全部。非能动系统不是绝对可靠的,可信的设计应该包括可靠的能动备用冷却系统,但这将增加成本。

(2)小型模块化反应堆和微型反应堆的特点是比当前的反应堆具有更小、更不坚固的密封系统。这可能会产生负面的安全后果,包括氢气爆炸造成损害的可能性更大。小型模块化反应堆的设计包括防止氢气达到爆炸浓度的措施,但它们不像更坚固的容器那样可靠——这将再次增加成本。

(3)一些支持者建议将微型核反应堆安置在地下作为一种安全措施。然而,地下放置是一把双刃剑——它可以在某些情况下(如地震)降低风险,但在其他情况下(如洪水)增加风险,还会使紧急干预更加困难,也会增加成本。

(4)支持者还指出,小型反应堆本身比大型反应堆的危险性更小。虽然这是真的,但这是一种误导,因为小型反应堆比大型反应堆发电量少,因此需要更多的反应堆来满足相同的能源需求。多个小型反应堆和微型反应堆实际上可能比一个大型反应堆面临更高的风险,特别是当电厂所有者试图通过减少运行支持人员或每个反应堆的安全设备来削减成本时。

3.2.2 收缩式疏散区域

由于中小企业所谓的安全优势,支持者呼吁将小型模块化反应堆电厂周围的应急规划区的大小从当前10英里标准缩小到1 000英尺,使电厂更容易在人口中心附近和便利的地点(如前煤电厂和军事基地)选址。

然而,福岛核电站的经验教训表明,在距离事故发生20~30英里的范围内测量到足以解发撤离或影响长期定居的辐射水平,这些建议基于尚未进行实践测试的假设和模型,可能过于乐观。

3.3 规模经济和难题

基于小型模块化反应堆和微型反应堆的发电厂可以比基于大型反应堆的发电厂投入更小的投资资本。支持者表示,这将消除近年来减缓核能增长的金融障碍。

然而,有一个难题是:“负担得起”并不一定意味着“划算”。规模经济表明,在其他条件相同的情况下,更大的反应堆将产生更便宜的电力。小型模块化反应堆的支持者认为,模块化反应堆的大规模生产可以抵消规模经济,但2011年的一项研究得出结论[15],小型模块化反应堆仍将比目前的反应堆更昂贵。

即使由于大规模生产,小型模块化反应堆最终比更大的反应堆更具成本效益,但只有在许多小型模块化反应堆运行时,这种优势才会体现出来。但公用事业不太可能投资于小型模块化反应堆和微型反应堆,除非它们能够生产价格具有竞争力的电力。Catch-22使一些观察家得出结论,该技术需要大量的政府财政帮助才能启动。如图3.3所示为小型模块化反应堆的市场潜力曲线图。

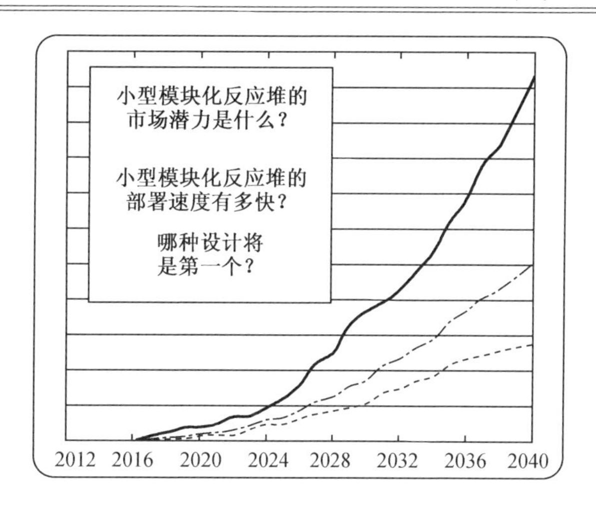

图3.3　小型模块化反应堆的市场潜力曲线图[15]

作为全球核市场分析的领导者，UxC 有限责任公司很高兴地宣布了一份关于小型模块化反应堆市场前景的新报告。这份450页的报告提供了对整个小型模块化反应堆市场的全面商业和技术分析，以及对世界上领先的小型模块化反应堆设计的详细审查[15]。

SMO 报告是 UxC 持续努力为全球客户提供有洞察力的产品和服务的最新结果。SMO 的内容包括：

（1）详细的商业和技术分析以及对世界十大领先小型模块化反应堆的“优点与缺点”评估。

（2）分析小型模块化反应堆部署的关键挑战。

（3）回顾小型模块化反应堆业务案例：可供部署的经济和潜在业务模式。

（4）小型模块化反应堆市场的竞争分析：美国与国际供应商。

（5）主要国家的小型模块化反应堆行业概况。

（6）小型模块化反应堆部署的全球前景：潜在客户及其理由。

（7）到2040年之前小型模块化反应堆部署预测。

3.3.1　建设国内市场

美国的许多核工业人士认为，建立美国作为核出口的领导者地位对国家安全和全球脱碳至关重要。虽然美国国防部可以启动小规模核能项目，但公用事业公司对于建设作为买家的市场至关重要。

“我认为你看到公用事业（特别是在加拿大），与加拿大政府一起承担做供应商的角色，我们期待类似的讨论，”总部位于美国的先进反应堆概念公司的总裁兼首席执行官唐纳德沃尔夫在新核资本会议上说，“在我们实际上将这些新设计推向国外之前，首先在国内建造真的很有帮助。在国内对其进行改进，对我们来说是安全的”[16]。

科尔伯特表示，一些开发商正在为具有市政电力系统的小型反应堆建立这些市场，这使得第一批客户比 IOU 更具吸引力。市政电力系统可以获得较低的加权资本成本，约为

3% ~4%,而 IOU 约为 8% ~10%。

NuScale 已经联合寻求国防部和犹他州联合市政电力协会作为首批客户。但据科尔伯特说,该开发商的第一座发电厂是 12 个模块、720 MW 的核电机组,预计到 2027 年将在 UAMP 下全面投入运营。市政公用事业公司周三宣布,已签订了足够电力的销售合同,可以开始向核管理委员会颁发许可证。

他说:"国防部承包面临的挑战在于,国防部要定义这些要求是什么,他们什么时候需要,以及他们将如何提供资金。""到目前为止,还没有达成协议,但他们似乎正在朝着这个方向发展。"

他说,人们对 NuScale 核反应堆的浓厚兴趣来自罗马尼亚、约旦和加拿大等国际市场,它们希望在投资之前看到该电厂投入运行。

科尔伯特说:"在那之后,问题是要生产多久才能达到规模。"NuScale 正在与制造商 BWX 技术、杜山重工和建筑公司进行对话,以"尽早开始每年生产 2 ~3 GW",到 2035 年达到 35 GW 的更大目标。

3.4 核 屏 障

"先进反应堆不仅仅是一个花园科学实验,"穆尔科夫斯基说。有真正的私营部门利益。资金投入使技术成为现实,"但我们都知道,第一个开发这类技术不是为了规避风险,也不是为了心生畏惧。"

科尔伯特说,核能等大规模资本投资的一些风险可能会阻碍私有投资。

"如果你看看核能,能源市场……这是众所周知的,"他说,"我们不太清楚的是,你如何通过核监管程序,即核监管委员会的程序。"

虽然安全问题仍然是核能的首要问题,但许多业内人士表示,他们不再认为公众的看法是一个主要问题。

"我们如何告诉公众我们的进展?我们如何告诉潜在投资者,对于你的技术而言,发生污染并导致疏散需求的核事件的风险已经消失?"一位听众问小组成员。

"我认为这不是我们行业面临的最大挑战",核工程师和设计公司 X - energy 的首席执行官 Clay Sell 回答说。"人们越接近核电站,对核电的了解越多,他们就越能接受和理解风险,也就越喜欢核电站。这告诉我们教育才是最重要的。"

3.5 无与伦比的小型模块化反应堆证书

UxC 多年来一直在积极跟踪小型模块化反应堆部门。在此过程中,UxC 的反应堆市场分析师团队一直在与来自工业界和学术界的国际顾问合作,他们是反应堆技术和设计方面的权威。

我们在小型模块化反应堆分析方面的第一个成就是在2010年发表的UxC的小模块化反应堆评估(小型模块化反应堆A)报告。这种对小型模块化反应堆技术和更广泛市场的开创性、深入的评估在整个行业中备受称赞,被称为对小型模块化反应堆的深思熟虑、独立和详尽的研究[15]。

此外,多年来,UxC的专家参加了与小型模块化反应堆相关的重要会议、活动等,包括多次受邀就各种感兴趣的主题发表演讲[15]。

3.6 高丰度低浓铀(HALEU)

在本节中,我们将非常简要地介绍美国先进反应堆燃料的发展。

当铀从地球中提取出来时,超过99%的原子是U^{238},而可裂变的同位素U^{235}不到1%。为了给今天的商用核反应堆提供燃料,必须将U^{235}浓度或"含量"提高到4%~5%,这被称为低富集铀(LEU)。

许多为未来部署而准备的反应堆设计将需要更高含量的铀燃料才能运行。高丰度低浓铀(HALEU)的U^{235}含量高于5%,但低于20%。这仍远低于制造武器或为美国潜艇和航空母舰提供动力所需的浓度值(图3.4)。

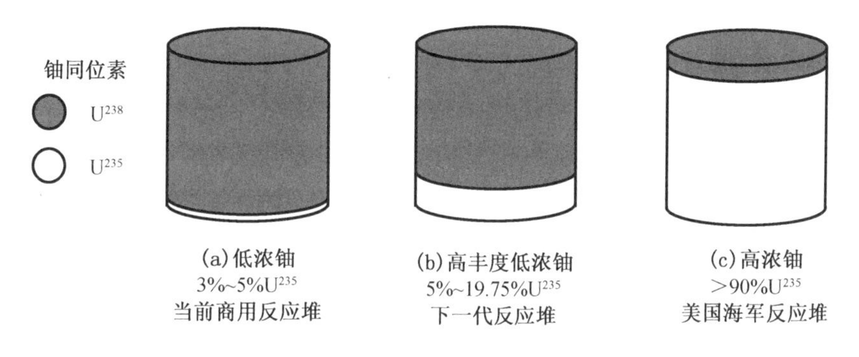

图3.4 高丰度低浓铀燃料

高丰度低浓铀燃料有许多提高反应堆性能的优点。由于U^{235}富集度更高时燃料组件和反应堆可以更小,这也是许多小型模块化反应堆(SMR)设计在高丰度低浓铀下运行的原因之一。这些反应堆不需要经常换料,可以实现更高的"燃耗"率,需要的燃料更少,产生的废物也更少。

3.6.1 高丰度低浓铀燃料制造

一旦铀被浓缩到高丰度低浓铀燃料所需的水平,就需要制成燃料的形式装入反应堆。为此,Centrus正在与反应堆和燃料公司的先驱X-energy公司签订一项合同,寻求开发一种燃料制造设施,使用高丰度低浓铀生产X-energy公司的碳氧化铀(UCO)三结构各向同性(TRISO)燃料形式。这种独特的高丰度低浓铀燃料可以为世界各地正在开发的各种先进反应堆提供动力,确保这个新兴行业的美国供应来源。

高丰度低浓铀商业市场需求图如图3.5所示。

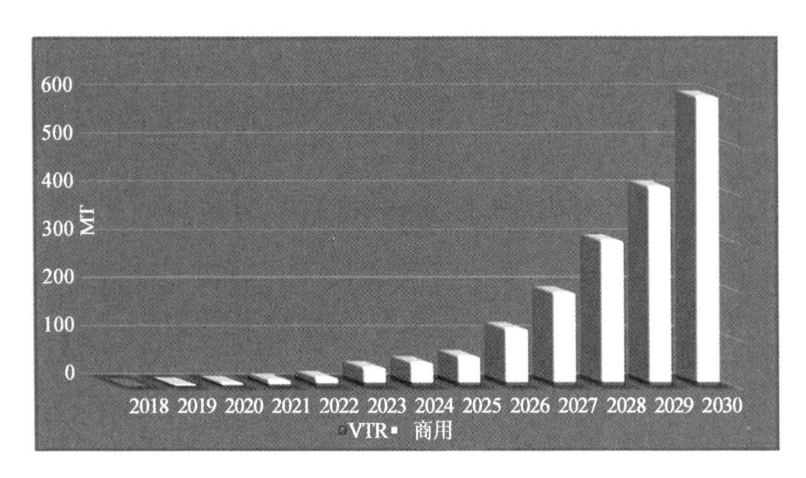

图3.5 预计的高丰度低浓铀商业市场需求(工业需求来源:美国核能研究所写给美国能源部部长的信,2018年7月5日)

请注意,图3.5并没有说明国防部对核微型反应堆的潜在需求。

3.6.2 美国铀浓缩技术示范

Centrus等公司正在与美国能源部合作,在俄亥俄州派克顿的美国离心机工厂部署一小部分Centrus的AC100M离心机,以展示我们的技术在生产先进反应堆所需的高丰度低浓铀燃料方面的能力。

3.7 核能的利弊

正如我们根据传统核动力反应堆的物理学所知,核能来自核裂变或原子分裂的过程。由此产生的受控核链式反应产生热量,用于使水沸腾、产生蒸汽和驱动涡轮机发电。

美国在31个州设有99个核电机组。根据能源部的数据[17],这些发电厂的发电量占美国电力的近20%,约占总能源的8.5%。

然而,自1996年以来[18],美国还没有启动过新的核反应堆。最后一座投入使用的反应堆是1996年在田纳西州建造的Watts Bar 1号。2007年,田纳西河谷管理局投票决定完成Watts Bar 2号的建设。2015年10月22日,美国核管理委员会批准了2号机组的40年运行许可,并允许安装核燃料和后续测试,标志着建设的正式结束。2015年12月15日,TVA宣布反应堆装料完成,准备进行临界和功率提升试验,商业运营预计将于2016年6月进行[19]。

从 1973 年到 2010 年，美国核电站的发电量增加了 10 倍，达到 80 万 MW · h，但由于一些商业电厂已经退役，近年来核电产量略有下降[20]。在此期间，现有电厂的可靠性大幅提高，这意味着现有电厂生产的能源比过去更多。核电容量因子现在平均约为 92%，高于 1975 年的 56%（即图 3.6）[21]。

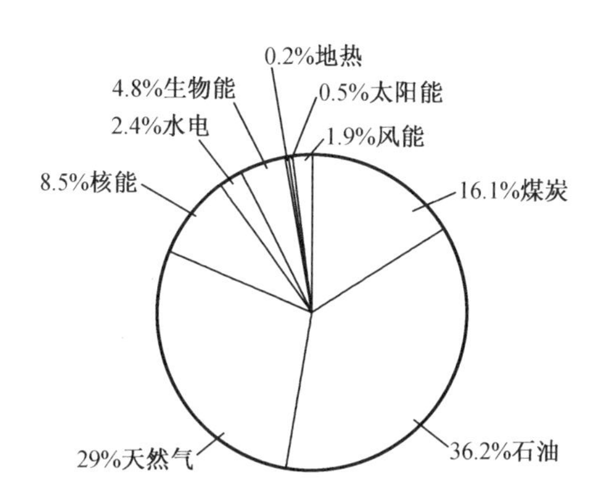

图 3.6　美国能源消耗百分比①（资料来源：环评，MER，2016 年 3 月）

核电运营商可以通过提高上网率来提高其电厂的额定容量，这是必须得到核管理委员会批准的许可证修订。上网率的提升可以从需要很少资本投入或电厂改造的小规模（低于 2%）的容量增加到需要重大改造的 15% ~20% 的扩大率来实现。预计在 2013—2040 年，通过提高现有核电厂的上网率，将增加 0.2 GW 的核电[22]。美国是世界上最大的核电生产国，但与许多其他工业国家相比，从核技术中获得的电力比例较小。2013 年，法国 76% 的电力来自核电。其他高比例的核能发电国家包括比利时（54%）、瑞士（38%）、瑞典（40%）和韩国（26%）。

核能是可靠的和无排放的，被世界上许多政府视为能够控制温室气体排放的一种有吸引力的未来发电形式。

3.7.1　核能的挑战

虽然美国计划建造几座新的核电站，但几十年来都没有建成。2005 年颁布的一项新的联邦法律试图通过赋予新的、更安全的核反应堆设计的监管确定性，来恢复核电站的建设和部署，图 3.7 所示为美国可运行的传统核电站数量和累计停机时间。

①该图中各能源占比之和非 100%，为尊崇原著，保留原著表达方式。——译者注。

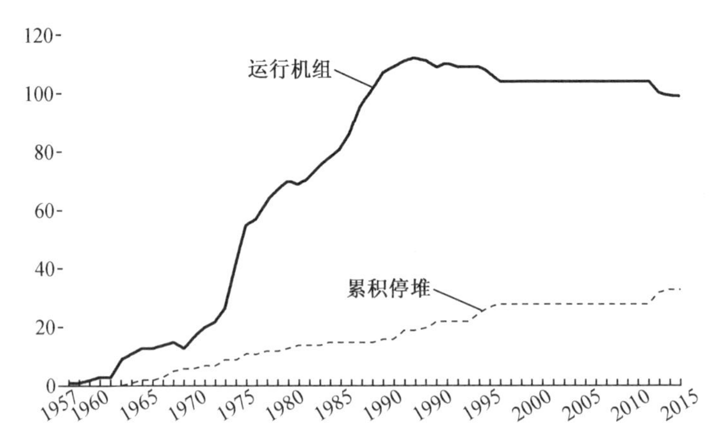

图 3.7　美国可运行的传统核电站数量和累计停机时间(资料来源:环评,MER,2016 年 3 月)

美国 2005 年的《能源政策法案》提供了高达 80% 的贷款担保,并为到 2020 年开始运营的新核电能力提供了每千瓦时 1.8 美分的生产税抵免。税收抵免规定为运营的前 8 年,每年限制 1.25 亿美元。这项法案促使人们向核管理委员会申请新核电站。然而,核电站的高资本成本仍然是这些电厂部署的一个障碍。

美国能源部的一个独立机构能源信息管理局假设,按 2013 年的美元计算[23],新核电站的隔夜资本成本为每千瓦时 5 366 美元。环评已经预测了 2020 年从一个新的核电站发电的成本:每千瓦时为 9.52 美分,比天然气联合循环电厂高出约 30%[24]。图 3.8 所示为各能源占美国中央电站总发电量的百分比。

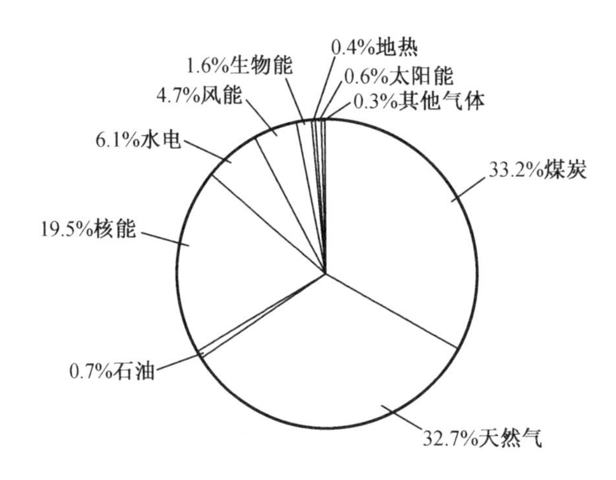

图 3.8　各能源占美国中央电站总发电量的百分比①(来源:EIA,MER,2016 年 3 月)

①该图中各能源占比之和非 100%,为尊崇原著,保留原著表达方式。——译者注。

核电领域持续关注的一个问题是反应堆中乏燃料和后处理厂废物的安全处置和隔离。多年来,用户已经为他们的电费支付了数十亿美元的税款,以资助政府处理废物的计划。自 1982 年以来,能源部负责开发乏燃料和高放射性核废料的废料处理系统,并计划将废料存放在内华达州尤卡山,但该计划的资金基本上已被奥巴马政府取消。

此外,2011 年 3 月日本地震和海啸引发的日本福岛第一核电站发生的核事故,导致全球各国重新审查现有和新核电站的安全规定[25]。

将近一年后,即 2012 年 2 月,美国核管理委员会批准了一项许可,允许在佐治亚州的 Vogtle 核电站建造和有条件地运行两座新核反应堆,这是自 1978 年以来该委员会首次批准建造的新反应堆[26]。然后在 2012 年 3 月,NRC 批准了第二份许可证,允许在南卡罗来纳州的 Scana Corp. 的 Virgil C. Summer 核电站建造和有条件地运行两座新反应堆[27]。这四座核反应堆于 2019 年和 2020 年投产[28]。

读者可以在 DOE、NRC 和其他相关能源政府组织上找到有关此问题的更多信息。

3.8　结　　论

(1)除非实现一些乐观的假设,否则小型模块化反应堆不太可能成为核能所面临的经济和安全问题的可行性解决方案。

(2)虽然一些小型模块化反应堆的支持者担心美国在创建小型模块化反应堆出口市场方面落后,但在安全方面偷工减料是一种目光短浅的策略。

(3)由于安全和安保改进对于建立核能作为未来能源的可行性至关重要,核工业和能源部应专注于发展更安全的反应堆设计,而不是削弱法规。

(4)国会应该指示能源部只把纳税人的钱花在支持那些有可能提供比目前运行的反应堆安全水平更高的技术。

(5)能源部不应该提倡小型模块化反应堆不需要 10 英里应急规划的想法,也不应该鼓励 NRC 仅仅为了促进小型模块化反应堆许可和部署而削弱其他要求。

(6)国防部需要移动微型核反应堆来部署和提高这类反应堆的可运输性。

美国能源部核能办公室微型反应堆研究、开发和部署(研发)项目管理国家实验室领导的微型反应堆系统早期通用研究和技术开发,并通过 DOENE 行业融资机会公告为微型反应堆供应商开发和许可活动提供成本共享支持。该项目还协调了国防部、工业界和核管理委员会之间的努力,以支持在能源部国家实验室现场演示微型反应堆技术。支持微型反应堆项目的国家实验室包括爱达荷国家实验室、橡树岭国家实验室、洛斯阿拉莫斯国家实验室、阿贡国家实验室和桑迪亚国家实验室。

作为美国能源部的核能领导实验室,爱达荷国家实验室担任了微型反应堆项目的领导实验室。爱达荷国家实验室作为反应堆示范地点,具有重要的历史背景,已被一些反应堆供应商确定为微型反应堆试验项目的主要候选地点。其具有燃料制造能力,在相关的微型反应堆技术开发领域具有丰富的技术专长,拥有广泛的核能研发基础设施,并有大量土地可用于反应堆示范项目。洛斯阿拉莫斯国家实验室和橡树岭国家实验室由于其在空间应用的小型反应堆设计、先进材料和制造能力方面的经验,也发挥了重要作用。阿贡国家实验室支持先进的微型反应堆材料和传统的燃料数据认证,而桑迪亚国家实验室则进行创新的微型反应堆能量转换系统的研发。爱达荷国家实验室密切协调参与实验室之间的努力。

2018 财年,爱达荷国家实验室和洛斯阿拉莫斯国家实验室对商业和国防微型反应堆应用进行了详细分析,以确定领先的高优先级微型反应堆研发计划领域。这些分析以及国防部和行业利益相关者的反馈为 2019 财年美国能源部资助的微型反应堆在以下领域的努力奠定了基础——加速微型反应堆 高丰度低浓铀生产和燃料制造能力;准备潜在的国家实验室微型反应堆示范点;展示创新的跨领域微型反应堆技术,如热管和先进慢化剂;鉴定先进的高温材料;探索增材制造技术;开发远程监控和半自主控制系统,并评估潜在的 DOE、DOD 和 NRC 监管途径,用于近期的微型反应堆示范许可和未来的“第 n 次”商业应用。

参考文献

[1] https://www. power - technology. com/news/department - energy - national - reactor - innovation - centre/

[2] B. Zohuri, P. McDaniel, Advanced Smaller Modular Reactors: An Innovative Approach to Nuclear Power, 1st edn. (Springer, Cham, 2019). https://www. springer. com/us/book/9783030236816

[3] B. Zohuri, P. McDaniel, Combined Cycle Driven Efficiency for Next Generation Nuclear Power Plants: An Innovative Design Approach, 2nd edn. (Springer, Cham, 2018). https://www. springer. com/gp/book/9783319705507

[4] B. Zohuri, P. McDaniel, C. R. De Oliveria, Advanced nuclear open air - Brayton cycles for highly efficient power conversion. Nucl. Technol. 192(1), 48 - 60(2015). https://doi. org/10. 13182/NT14 - 42

[5] B. Zohuri, Combined Cycle Driven Efficiency for Next Generation Nuclear Power Plants: An Innovative Design Approach(201)

[6] K. Stacey, Small Modular Reactors are Nuclear Energy ' s Future, Financial Times, 25 July 2016

[7] Small Modular Reactors: A Window on Nuclear Energy, Andlinger Center, Princeton University, June 2015

[8] B. Zohuri, Heat Pipe Application in Fission Driven Nuclear Power Plants, 1st edn. (Springer Publishing Company, Cham, 2019)

[9] B. Zohuri, Heat Pipe Design and Technology: Modern Applications for Practical Thermal Management, 2nd edn. (Springer Publishing Company, Cham, 2016)

[10] https://www. nei. org/resources/letters - filings - comments/part - 810 - letter - to - congress. Last accessed 12/6/2019

[11] https://docs. wixstatic. com/ugd/5b05b3_734bca69ccc6474d949623c853e8be80. pdf.

Accessed 12/6/2019 and http://www.nuclearinnovationalliance.org/part810reform

[12] B. Zohuri, Hybrid Energy Systems: Driving Reliable Renewable Sources of Energy Storage, 1st edn. (Springer Publishing Company, Cham, 2018)

[13] E. Moniz, http://energy.mit.edu/news/why-we-still-need-nuclear-power/

[14] B. Zohuri, Neutronic Analysis for Nuclear Reactor Systems (Springer Publishing Company, Cham, 2016)

[15] https://www.uxc.com/p/products/rpt_smo.aspx. Last accessed 12/6/2019

[16] https://www.utilitydive.com/news/advanced-us-nukes-need-a-boost-is-the-pentagon-the-answer/559088/

[17] Energy Information Administration, Monthly Energy Review, Mar 2016, http://www.eia.gov/totalenergy/data/monthly/pdf/sec1_7.pdf

[18] http://www.eia.gov/totalenergy/data/monthly/pdf/sec7_5.pdf

[19] Energy Information Administration, http://www.eia.gov/tools/faqs/faq.cfm?id=228&t=21 and Wikipedia, https://en.wikipedia.org/wiki/Watts_Bar_Nuclear_Generating_Station

[20] Energy Information Administration, Monthly Energy Review, Mar 2016, http://www.eia.gov/totalenergy/data/monthly/pdf/sec7_5.pdf

[21] Energy information Administration, Monthly Energy Review, Table 8.1, Mar 2016, http://www.eia.gov/totalenergy/data/monthly/pdf/sec8_3.pdf

[22] Energy Information Administration, Assumptions to the Annual Energy Outlook 2015, Electricity Market Module, http://www.eia.gov/forecasts/aeo/assumptions/pdf/electricity.pdf

[23] Energy Information Administration, Assumptions to the Annual Energy Outlook 2015, Table 8.2, http://www.eia.gov/forecasts/aeo/assumptions/pdf/electricity.pdf

[24] Energy Information Administration, http://www.eia.gov/forecasts/aeo/electricity_generation.cfm and https://www.instituteforenergyresearch.org/topics/policy/electricity-generation-cost/

[25] The New York Times, 21 July 2011, http://www.nytimes.com/2011/07/21/science/earth/21nuke.html?_r=1&nl=todaysheadlines&emc=tha24

[26] The Hill, OVERNIGHT ENERGY: Chu to tout nuclear in Georgia, 14 Feb 2012, http://thehill.com/blogs/e2-wire/e2-wire/210651-overnight-energy

[27] The Hill, Regulators approve construction of nuclear reactors in South Carolina, 30 Mar 2012, http://thehill.com/blogs/e2-wire/e2-wire/219277-regulators-approve-construction-of-second-new-nuclear-reactors-in-decades?utm_campaign=E2Wire&utm_source=twitterfeed&utm_medium=twitter

[28] World Nuclear News, Start date for Vogtle units, 30 Jan 2015, http://www.world-nuclear-news.org/NN-Start-date-delay-for-Vogtle-units-3001158.html and Power Magazine, Costs and Deadlines Continue to Challenge V. C. Summer Nuclear Project, 19 Aug 2015, http://www.powermag.com/challenges-continue-for-summer-nuclear-plant-project/

索　　引

A

C

D

E

F

G

H

I

K

L

M

Miro Reactors（MRs） 微型反应堆

Molten salt reactors（MSRs） 熔融盐反应堆

Multi-mission Radioisotope Thermoelectric Generator（MMRTG）多任务放射性同位素热电发生器

N

National Defense Authorization Act(NDAA) 国防授权法案

National Nuclear Security Administration(NASA) 美国国家航空航天局

National Reactor Innovation Centre(NRIC) 国家反应堆创新中心

Nevada National Security Site（NNSS） 内华达州国家安全站点

Non－Light Water Reactor（non-LWR） 非轻水反应堆

Nuclear Energy Innovation Capabilities Act(NEICA) 核能创新能力法案

Nuclear Energy Institute（NEI） 核能研究所

Nuclear Energy's（NE） 核能

Nuclear Micro Reactors（NMRs）微型核反应堆

Nuclear Power Plants（NPPs） 核电站

Nuclear Power Reactors（NPP） 核动力反应堆

Nuclear Regulatory Commission（NRC） 核管理委员会

Nuclear Waste Management Organization(NWMO) 核废料管理组织

NuScale Power NuScale NuScale 能源

NuScale Power Module（NPM） 能源模块

O

Oak Ridge National Laboratory（ORNL） 橡树岭国家实验室

Organization for Economic Co－operation and Development（OECD） 经济合作与发展组织

P

Pressure Swing Adsorption（PSA） 压力摆动吸附

Pressurized Water Reactors（PWRs） 压水反应堆

R

Radioisotope Heater Unit（RHU） 放射性同位素加热器组

Radioisotope Power System（RPS） 放射性同位素动力系统

Radioisotope Thermoelectric Generator(RTG) 放射性同位素热电发电机

Request for Information（RFI） 信息请求

S

T

U

W